Sitzungsberichte
der Akademie der Wissenschaften
der DDR
Mathematik – Naturwissenschaften – Technik

Jahrgang 1981 · Nr. 15/N

**Emons/Voigt**

# Zur Chemie geschmolzener Salze

AKADEMIE-VERLAG · BERLIN
1981

Vortrag von Hans-Heinz Emons, Ordentliches Mitglied der Akademie der Wissenschaften der DDR und Dr. Wolfgang Voigt, Bergakademie Freiberg, Sektion Chemie, gehalten vor der Klasse Chemie am 11. Dezember 1980

Herausgegeben im Auftrage
des Präsidenten der Akademie
der Wissenschaften der DDR
von Vizepräsident Prof. Dr. Heinrich Scheel

ISSN 0138-3956
Erschienen im Akademie-Verlag, DDR-1086 Berlin, Leipziger Str. 3–4

Lizenznummer: 202 · 100/241/81
Gesamtherstellung: VEB Druckhaus Köthen
Bestellnummer: 762 998 1 (2010/81/15/N) · LSV 1255
Printed in GDR
DDR 5,– M

## Inhalt

## 1. Einleitung

Unter geschmolzenen Elektrolyten versteht man Flüssigkeiten, die ganz oder überwiegend aus beweglichen Kationen und Anionen aufgebaut sind. Nahezu alle Salze, ferner die meisten Oxide, Hydroxide und Sulfide zeigen im geschmolzenen Zustand Eigenschaften, die in erster Linie durch die interionische Wechselwirkung der vorhandenen Ladungsträger bestimmt werden. Es ist einleuchtend, daß sich daher besonders die elektrischen Eigenschaften von denen anderer Flüssigkeiten unterscheiden. Tatsächlich liegt die elektrische Leitfähigkeit um Größenordnungen höher als die von Elektrolytlösungen.

Aus den Eigenschaften der Schmelzen (z. B. gute elektrische und Wärmeleitfähigkeit, niedrige Viskosität und Oberflächenspannung, breiter Temperaturbereich des flüssigen Zustandes, relativ geringe Dampfdrücke, hohes Lösevermögen für Metalle, Oxide, Gase) resultiert ein weiter Anwendungsbereich in der Technik (Tab. 1).

Tabelle 1

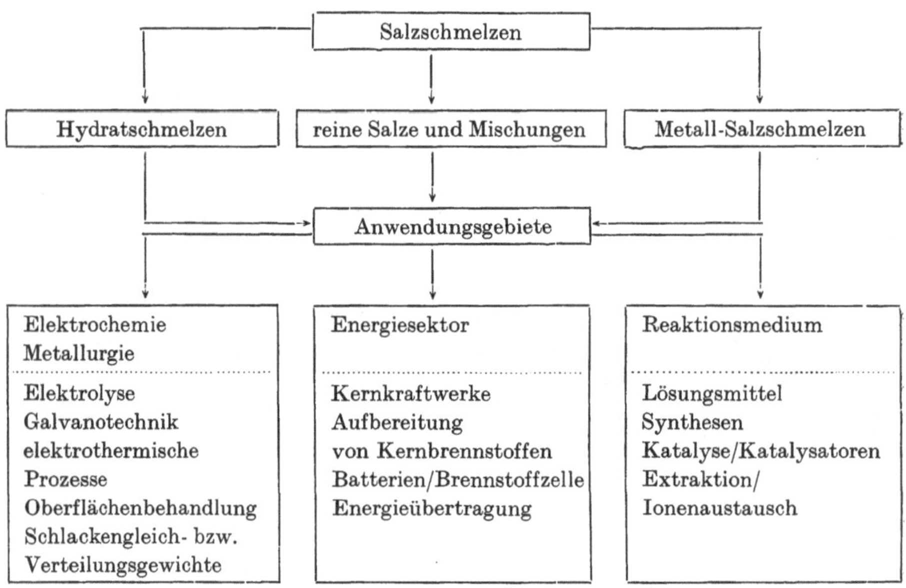


Die experimentelle und theoretische Forschung über geschmolzene Salze nahm ihren Ausgangspunkt bei der Schmelzflußelektrolyse, wurden doch eine Reihe von Metallen erstmals über die Elektrolyse geschmolzener Chloride oder Hydroxide rein dargestellt.

| | | | |
|---|---|---|---|
| Davy | 1807 | Na | Elektrolyse von NaOH |
| Davy | 1808 | Mg, Ca, Sr, Ba | Elektrolyse der Chloride |
| Davy | 1808 | B | Elektrolyse von $B_2O_3$ |
| Bunsen, Matthiesen | 1855 | Li | Elektrolyse von LiCl |
| Hillebrand, Norton | 1875 | La | Elektrolyse von $LaCl_3$ |

Die ersten systematischen Studien zur Elektrolyse geschmolzener Salze gehen auf Faraday (1830) zurück. Im ersten Drittel unseres Jahrhunderts sind vor allem R. Lorenz und später P. Drossbach zu nennen, wobei man die von Drossbach 1938 herausgegebene Monographie „Elektrochemie geschmolzener Salze“ [1] als einen gewissen Abschluß dieser frühen Phase ansehen kann.

Die Herausbildung der Chemie und Elektrochemie geschmolzener Salze als ein relativ selbständiges, durch spezifische experimentelle Methoden und teilweise Denkweisen gekennzeichnetes Untersuchungsgebiet der Chemie und physikalischen Chemie setzte Ende der 40er, besonders in den 50er Jahren ein. Neben dem Bestreben die wissenschaftliche Basis z. B. für eine Optimierung der Schmelzflußelektrolysen zu schaffen, den ersten Ansätzen für den Molten-Salts-Reactor und der Verwendung als Reaktionsmedium, zogen die geschmolzenen Salze besonders aus der Sicht der Entwicklung allgemeiner Strukturmodelle für Flüssigkeiten die Aufmerksamkeit auf sich.

## 2. Zur Struktur geschmolzener Salze

In den Schmelzen liegt eine an Ladungsträgern reiche Flüssigkeit vor, deren Eigenschaften nicht wie bei den gewöhnlichen Elektrolytlösungen durch den Charakter des mehr oder weniger polaren Lösungsmittels - also durch Solvatationsphänomene - geprägt wird.

Gegenüber den molekularen Flüssigkeiten und den flüssigen Metallen zeichnen sich geschmolzene Salze dadurch aus, daß

- sie aus frei (hoch-) beweglichen Anionen und Kationen aufgebaut und damit Ionenflüssigkeiten sind;
- die Wechselwirkungen zwischen den Ionen in der Hauptsache durch die weitreichenden Coulomb'schen Kräfte bestimmt werden und diese eine alternierende Ladungsverteilung in der Schmelzstruktur verursachen;
- der Übergang fest-flüssig am Schmelzpunkt oft mit einer Volumenzunahme bis zu 25% (NaCl) verbunden ist.

Röntgenbeugungsuntersuchungen an geschmolzenen Alkalihalogeniden zeigten, daß die mittlere Koordinationszahl in den Schmelzen 4–5 gegenüber 6 in den festen Salzen beträgt und daß der mittlere Abstand in der ersten Koordinationssphäre verkürzt ist [2].

Dies sind grundlegende Aussagen, die mit jedem Modellansatz vereinbar sein müssen.

Ein anschauliches Bild über die Struktur von Ionenschmelzen ergibt sich bei der Betrachtung des Schmelzvorgangs eines aus Ionen aufgebauten Kristalls. In einem typischen Ionengitter sind die entgegengesetzt geladenen Kationen und Anionen in den Gitterpunkten fixiert. Ihre stabile Lage wird überwiegend durch die allseitig symmetrisch wirkenden COULOMB'schen Kräfte gewährleistet. Im Gegensatz zu Molekülkristallen tritt beim Schmelzen eines Ionenkristalls keine statistische Verteilung der Gitterbausteine auf. Die bleibende Anionen-Kationen-Wechselwirkung verursacht auch bei zusammengebrochenem Gitter eine Art Nahordnung.

Die beim Schmelzen beobachtete Zunahme des Molvolumens und die Verminderung der Durchschnittskoordinationszahl wird durch eine Vermehrung der im Kristall bereits vorhandenen Leerstellen erklärt. Die Struktur einer Schmelze, deren Temperatur im Bereich der Schmelztemperatur liegt, ist vergleichbar mit der des zugehörigen stark mit Leerstellen durchsetzten Kristalls. Diese Leerstellen („Löcher") führen zu einer unsymmetrischen Kräfteverteilung, so daß in der Schmelze Abstände zwischen benachbarten Kationen und Anionen auftreten, die kleiner als die entsprechenden im Feststoff sind, die Abstände zwischen benachbarten gleichgeladenen Teilchen werden dagegen größer.

Die Ionen in der Schmelze wechseln ständig ihre Positionen; die damit verbundenen Transportvorgänge hängen u.a. von Größe und Zahl der vorhandenen Löcher ab. Nach diesem Bild kommt es in wechselhafter Folge an statistisch verteilten Stellen zu kurzlebigen Ionengruppierungen, die innerhalb der Gitterschwingungszeit in ihrer Größe schwanken. Ist deren Lebenszeit länger als die eines molekularen Schwingungs- oder Kollisionsvorgangs, so ist ein solches Gebilde als „kinetische Einheit" anzusehen, deren einzelne Partikel translatorische Bewegungen während eines Diffusionsschrittes ausführen. Diese lokal assoziierten Gruppen liegen nicht isoliert vor, sondern grenzen wiederum an andere benachbarte Gruppen an. Jedes Kation K wird von einigen Anionen A (und umgekehrt) umgeben sein.

Man kann also von

negativen Gruppen $[K\ A_x]^{(x-1)^-}$ und

positiven Gruppen $[K_y\ A]^{(y-1)^+}$

sprechen.

Die Stabilität einer solchen Gruppe hängt von der Ladung, vom Durchmesser und von der gegenseitigen Polarisierbarkeit der beteiligten Ionen ab. Das fluktuierende Auftreten dieser Assoziate führt zur Bildung verschieden großer Gruppen. In der Zeiteinheit sind im thermischen Gleichgewicht Größe und Zahl der vorhandenen Assoziate unveränderlich, so daß zwischen ihnen gekoppelte Gleichgewichtsbeziehungen gelten. Eine Temperaturänderung führt zu einer anderen Bilanz und möglicherweise zum Entstehen und Zerfall von Gruppen.

Mit Annäherung an den Siedepunkt wird als Folge des zunehmenden Leervolumens der kovalente Bindungscharakter innerhalb der Gruppe zunehmen, so daß schließlich bei stark aufgelockerter Schmelze (z.B. in der Nähe des kritischen Punktes) vermehrt dieselben Moleküle wie im Dampf anzutreffen sind. Die Kenntnis der charakteristischen Daten der eine Schmelze aufbauenden Einzelionen genügt also nicht, die wahrscheinlichste Struktur anzugeben. Dazu bedarf es genauer Angaben über

- Größe, Zahl und Ladung der vorliegenden kinetisch wirksamen Ionenassoziate
- Zahl und symmetriestörende Wirkung der statistisch verteilten Löcher
- Stärke und Anteil von interionischen und kovalenten Wechselwirkungen und
- den Temperaturverlauf der Ionengruppen-Gleichgewichte.

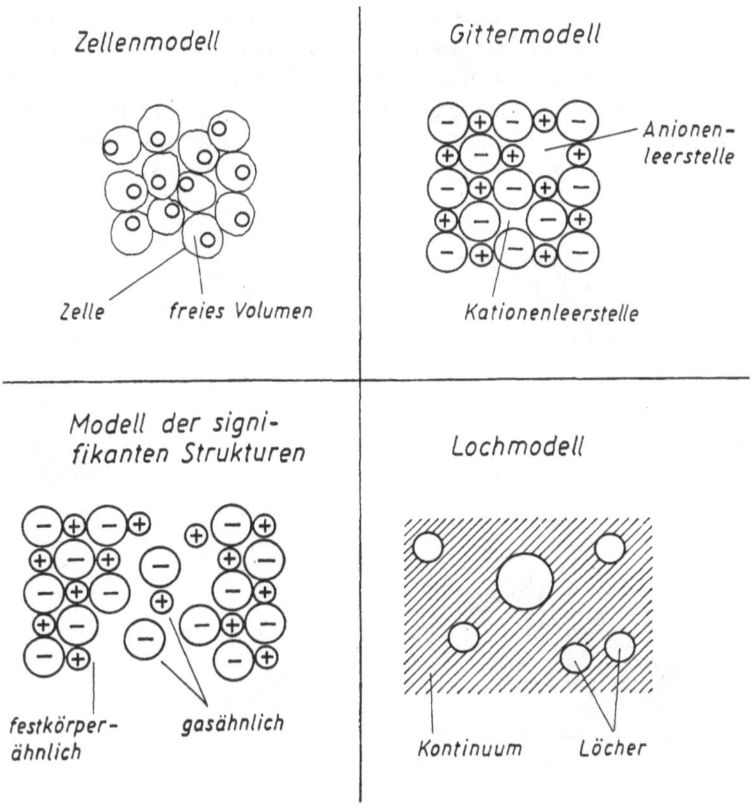


Abb. 1 Strukturmodelle für Ionenschmelzen

Wegen der zahlreichen Parameter ist es bisher nur in wenigen einfachen Fällen (Alkalihalogenide) gelungen, eine Flüssigkeitsstruktur zu entwickeln, aus der meßbare Eigenschaften einigermaßen widerspruchsfrei abgeleitet werden können. Abbildung 1 zeigt die wichtigsten (Grund-)Modelle mit ihren schematisierten Charakteristika.

Bis in die 70er Jahre wurde versucht, durch eine immer genauere Messung physikalischer Größen von geschmolzenen Salzen und durch eine weitere Modifizierung der Flüssigkeitstheorien, die Gültigkeit dieser oder jener Modellvorstellung zu bestätigen oder zu widerlegen.

Prinzipiell ist in vielen Fällen mit allen drei Modelltypen - den Zellen-Gitter-Modellen, Loch- oder Leerstellenmodellen oder der Theorie der signifikanten Strukturen - eine relative Übereinstimmung mit den experimentellen Werten erreichbar.

Dies ist zum Teil auf die adjustierbaren Parameter zurückzuführen, die in den Berechnungsgleichungen enthalten sind und die so einen gewissen Spielraum offen lassen.

Der Modellvergleich auf der Basis experimenteller Daten ist auch deshalb schwierig, weil zur Ableitung der Berechnungsgleichungen zusätzliche Annahmen notwendig sind, die oft die Modellgrenzen überschreiten, was schon rein logisch zu einem Verwischen der verschiedenen Modelle führt. Die Entwicklung der Rechentechnik eröffnete etwa seit Anfang der 70er Jahre einen logisch „exakten“ Weg zur Überprüfung mikroskopischer Strukturmodelle in Form

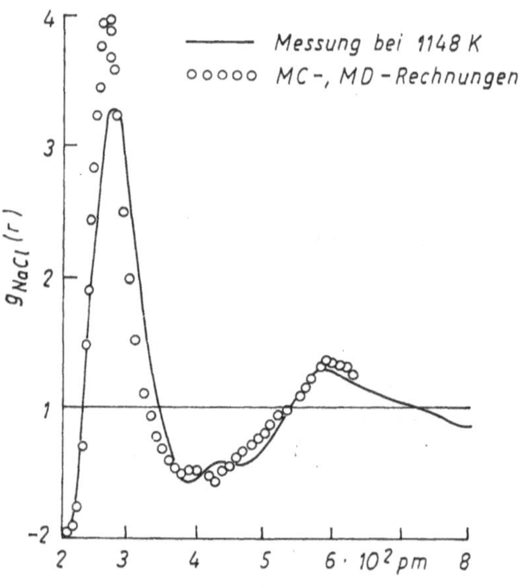


Abb. 2 Radiale Verteilungsfunktion $g_{NaCl}$ in geschmolzenem Natriumchlorid [3]

der Monte-Carlo- und moleküldynamischen Rechnungen (MC-, MD-). FØRLAND und ØSTVOLD wendeten die Monte-Carlo-Methode 1968 erstmals auf geschmolzene Salze an. In der Zwischenzeit liegen MC- und MD-Rechnungen für eine Anzahl von Alkali- und Erdalkalihalogeniden mit verschiedenen Eingangsparametersätzen vor. Die nach diesen Methoden erhaltenen radialen Verteilungsfunktionen der Ionen stimmen in allen wesentlichen Merkmalen mit den experimentellen Ergebnissen der elastischen Neutronenstreuung an isotopensubstituierten Schmelzen überein. Abbildung 2 zeigt die experimentellen und berechneten Ergebnisse für die partielle radiale Verteilungsfunktion $g_{Na-Cl}$ in flüssigem NaCl. Besonders instruktiv ist die Darstellung der errechneten Ionenverteilung als Raum-Kugel-Modell. Die Abbildungen verdeutlichen, daß in

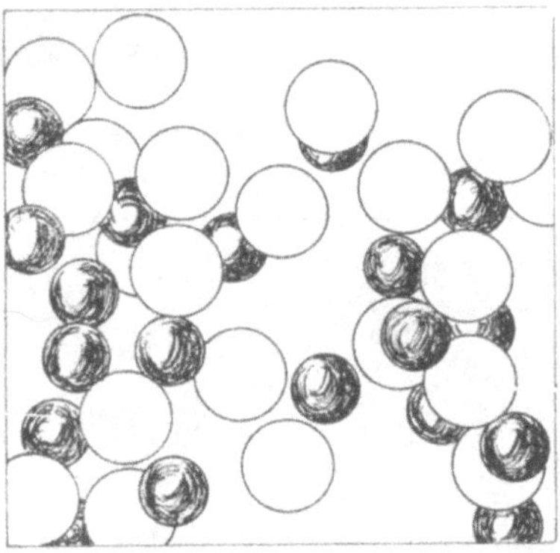

Abb. 3 Struktur von geschmolzenem Cäsiumiodid nach MC-Rechnungen [4]

Abb. 4 Struktur von geschmolzenem Kaliumchlorid nach MD-Rechnungen [5]

den Quasigittermodellen die reale Situation zu stark vereinfacht wird, wenn man annimmt, daß jedes Ion nur von entgegengesetzt geladenen Ionen umgeben ist. Es gibt eine Reihe von Ionen, in deren Koordinationssphäre sich Ionen gleichen Ladungssinnes befinden, im Falle des CsI betrifft es 6% aller Ionen. Deutlich erkennbar ist auch die Tendenz zur Bildung von „Ionenpaaren" und Clustern einerseits und von „Leer"-Volumen andererseits.

Bei der Berechnung thermodynamischer Eigenschaften ist in günstigen Fällen eine Übereinstimmung von 10–20% zu erreichen.

Für KCl sind Werte aus einer Arbeit von Tödheide [3] in Tabelle 2 gegenübergestellt. Während die Ergebnisse für die Energie recht gut übereinstimmen, sind die Abweichungen für die Kompressibilität und Molwärme wesentlich größer.

Tabelle 2 Vergleiche von Monte-Carlo-Berechnungen mit experimentellen Daten an geschmolzenem KCl bei 1045 K

| Größe | | MC | Exp. | % Abweichung |
|---|---|---|---|---|
| Innere Energie | $kJmol^{-1}$ | −629,4 | −625,5 | − 0,6 |
| Kompressibilitätskoeffizient | $10^6$ $bar^{-1}$ | 30,6 | 36,5 | −16,2 |
| Ausdehnungskoeffizient | $10^4$ $K^{-1}$ | 3,04 | 3,82 | −20,4 |
| Spannungskoeffizient | bar $K^{-1}$ | 9,93 | 10,5 | − 5,4 |
| Molwärme | $JK^{-1}$ $mol^{-1}$ | 51,7 | 46,9 | −10,2 |

Wegen der sprunghaft ansteigenden Rechenzeiten liegen für geschmolzene Salzmischungen nur wenige Ergebnisse vor, die kaum Verallgemeinerungen zulassen.

Doch gerade die Eigenschaften der Mischungen interessieren bei allen praktischen Anwendungen. Ihre experimentellen Untersuchungen nehmen deshalb z.Z. den größten Platz im Forschungsgebiet „Geschmolzene Salze" ein.

Einem Teilgebiet hat sich auch unsere Arbeitsgruppe etwa 20 Jahre in Merseburg gewidmet.[1]

Auf Grund der industriellen Entwicklung in der DDR und der durch die umfangreichen Mineralsalzlagerstätten vorgegebenen Rohstoffbasis beschäftigten wir uns mit Metall-Salz-Systemen, den Reaktionen in Salzschmelzen und den Eigenschaften binärer Schmelzgemische mit folgender Zielstellung:

[1] Der überwiegende Teil der Ergebnisse unserer Untersuchungen ist in über 50 Publikationen veröffentlicht.

- Verbesserung bestehender Verfahren und Technologien (z.B. Schmelzfluß-elektrolysen, elektrothermische Prozesse)
- Entwicklung neuer Technologien und Synthesen
- Erweiterung der Strukturvorstellungen von ionischen Flüssigkeiten.

Dazu gehörten folgende Untersuchungskomplexe:

- Metall-Salz-Systeme
- Salz-Salz-Systeme
- Konzentrierte Elektrolytlösungen und Hydratschmelzen
- $CaC_2$-Systeme
- Synthesen in geschmolzenen Salzen und Hochtemperaturreaktionen
- Ermittlung von Referenzdaten geschmolzener Salze (Molten Salts Standards Program)

Ausgangspunkt unserer Untersuchung waren die Metall-Salz-Systeme. Im Mittelpunkt standen dabei die Fragen nach dem Auflösungsvorgang und dem Status des gelösten Metalls sowie der Einfluß von Stickstoff und Wasserstoff auf diese Systeme. Zur Interpretation der erhaltenen Ergebnisse, besonders bei Zugabe anderer Salze zu den reinen Metall-Metallsalz-Lösungen, war es erforderlich, Eigenschaften und Struktur der reinen Salz-Salz-Systeme zu untersuchen.

Aus diesen Ergebnissen konnten einige Aussagen über den Einfluß wichtiger Parameter auf Reaktionen in Schmelzen und Eigenschaften konzentrierter Elektrolytlösungen und Salz-Hydrat-Schmelzen abgeleitet werden. Tabelle 3 zeigt die enge Wechselbeziehung zwischen den einzelnen Untersuchungskomplexen.

Tabelle 3

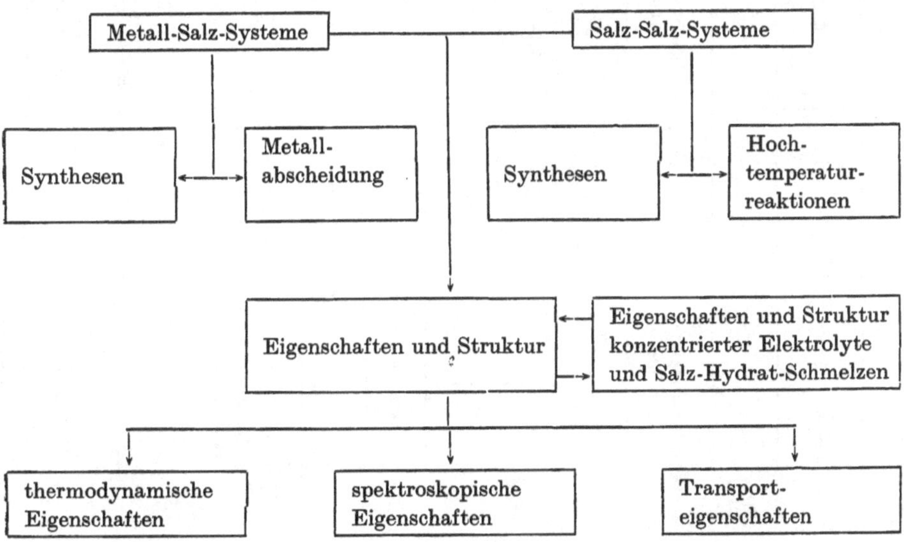

Die angewendeten Untersuchungsmethoden zur Charakterisierung der Salzschmelzen sind in Tabelle 4 zusammengefaßt. Dabei mußten u.a. folgende Meßmethoden neu entwickelt bzw. für ihre Anwendung bei hohen Temperaturen und in den leicht zersetzlichen Erdalkalimetallhalogenid- und $CaC_2$-Systemen modifiziert werden:

- Elektrische Leitfähigkeit in Metall-Salz-Systemen und Salz-Salz-Systemen

Tabelle 4

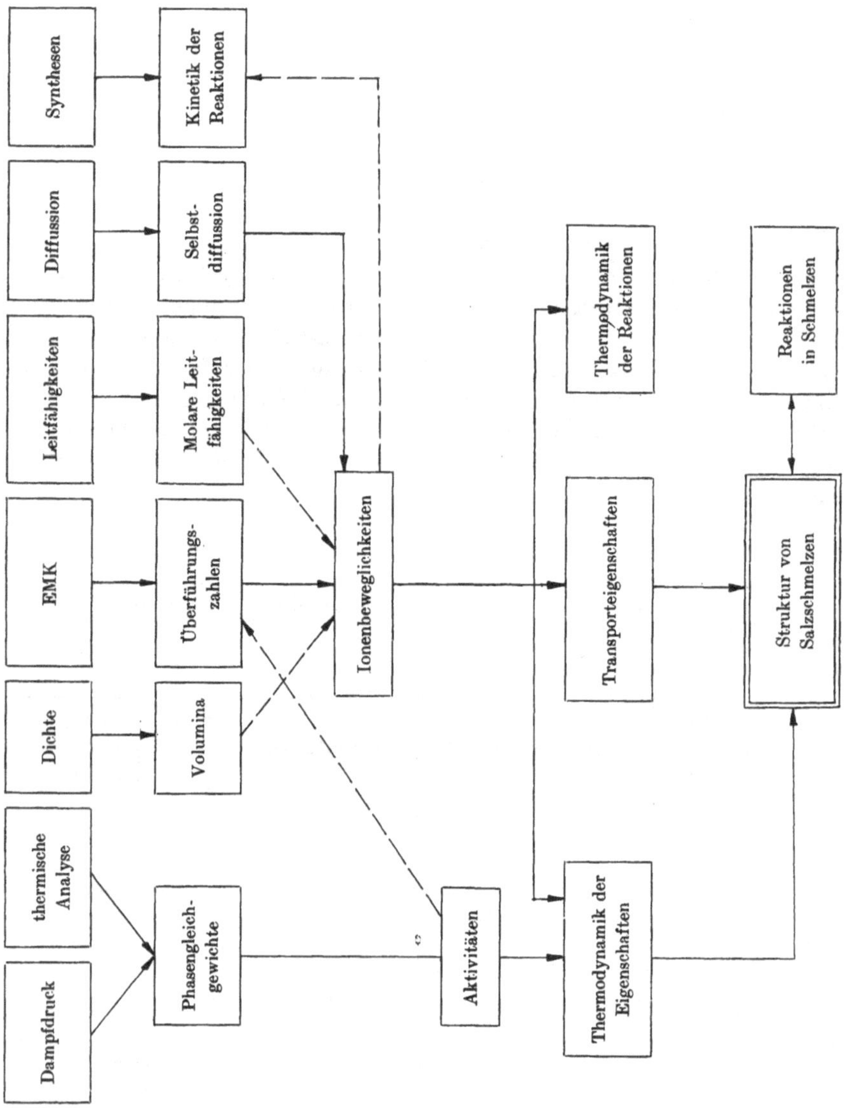


(statt Diffussion, lies Diffusion; statt Selbstdiffussion, lies Selbstdiffusien)

- EMK-Messungen mit Halogenelektroden in Konzentrationszellen mit Überführung (Chlor-, Brom- und Iodelektroden)
- Dampfdruckmessungen nach der KNUDSEN-Effusionsmethode und der Hochtemperaturmassenspektrometrie
- Selbstdiffusion in Salzschmelzen mit radioaktiven Isotopen
- Chronopotentiometrie in Metall-Salz-Schmelzen
- Viskosität.

*Thermodynamische Untersuchungen*

- Phasendiagramme: Grundlage zur allgemeinen Charakterisierung der Systeme und Berechnung von $f$, $a$ und $G^E$
- Dampfdruck (KNUDSEN-Effusion): $p$, $f$, $a$, $G^E$, $H^E$, $S^E$
- Bildungszellen: $\Delta_R G$, $f$, $a$, Reversibilität der Halogenelektroden
- Dichten, Volumina: $V$, $V^E$

*Transporteigenschaften*

- EMK von Konzentrationszellen: EMK, $t$, $t^E$, $b$
- Elektrische Leitfähigkeit: $\varkappa$, $\Lambda$, $\Lambda^E$
- Selbstdiffusion: $D$
- Chronopotentiometrie (Auflösungsvorgänge)

*Spektroskopie*

- Ramanspektroskopische Untersuchungen in Schmelzen
- Massenspektrometrische Untersuchungen der Dampfphase: (Assoziation, Komplexbildung)

Für die elektrochemische Gewinnung von Erdalkalimetallen, die Optimierung des Calciumcarbidprozesses und die Oberflächenbehandlung von Werkstoffen (Stahl, keramische Werkstoffe) waren umfangreiche Untersuchungen der entsprechenden Schmelzsysteme erforderlich.

Folgende Systeme und Reaktionen in Salzschmelzen wurden dabei untersucht:

1. *Metall-Salz-Systeme*

1.1. $M^{II}-M^{II}X_2$

$M^{II}$ = Mg, Ca, Sr, Ba, Zn, Cd, [Bi]
X = $Cl^-$, $Br^-$, $I^-$

1.2. Einfluß von $H_2$ und $N_2$ auf diese Systeme

1.3. $M^{II}-(M^{II}X-M^{I}X)$

$M^{II}$ = Ca, Ba
$M^{I}$ = Na, K
X = $Cl^-$, $Br^-$, $J^-$

2. *Salz-Salz-Systeme*

2.1. $M^{II}X_2$—$M^{I}X$

$M^{II}$ = Mg, Ca, Sr, Ba
$M^{I}$ = Li, Na, K, Rb, Cs
X = $Cl^-$, $Br^-$, $I^-$, $NO_3^-$

2.2. $AlCl_3$—$M^{I}Cl$

$M^{I}$ = Li, Na, K

2.3. $NaNO_3$—$M^{I}NO_3$

M = K, Rb, Cs

3. *Reaktionen in Salzschmelzen*

3.1. Untersuchungen an $CaC_2$-haltigen Schmelzen

3.1.1. Einfluß von Fremdoxiden ($SiO_2$, MgO, $Al_2O_3$, $Fe_2O_3$) auf das System CaO—C—$CaC_2$

3.1.2. Einfluß von Fremdoxiden auf die Viskosität des Systems CaO—C—$CaC_2$

3.1.3. Kalorimetrische Messungen an $CaC_2$-haltigen Systemen

3.2. Reaktionen im System

$AlCl_3$—NaCl

$$2\,Al + 3\,PbCl_2 \rightarrow 2\,AlCl_3 + 3\,Pb$$
$$2\,Al + 3\,CdCl_2 \rightarrow 2\,AlCl_3 + 3\,Cd$$
$$Al + 3\,FeCl_3 \rightarrow AlCl_3 + 3\,FeCl_2$$
$$Al + FeCl_3 \rightarrow AlCl_3 + Fe$$

3.3. Organische Reaktionen in den Systemen
$ZnCl_2$—KCl, $ZnCl_2$—NaCl, $ZnCl_2$—NaCl—KCl

Neben dem Aspekt der unmittelbaren Gewinnung von Stoffwerten für die Praxis, standen und stehen Struktur-Eigenschafts-Beziehungen im Vordergrund. Die allgemeine Methodik besteht darin, für eine Anzahl geschmolzener Mischungen z.B. die Konzentrationsabhängigkeit thermodynamischer und Transporteigenschaften zu ermitteln und - wenn möglich - unter Heranziehen spektroskopischer Befunde, Vorstellungen über die mit dem Mischen der Komponenten verbundenen strukturellen und energetischen Veränderungen zu entwickeln.

Im folgenden werden einige Ergebnisse dargelegt.

## 3. Salz-Salz Systeme

### *3.1. Thermodynamische Untersuchungen*

Einem Vorschlag von KLEPPA [6] entsprechend klassifiziert man binäre Mischungen geschmolzener Salze wie folgt:

1. ladungssymmetrische Mischungen
   mit einer gemeinsamen Ionenart
   (z.B. NaCl—KCl)

2. ladungsunsymmetrische Mischungen
   mit einer gemeinsamen Ionenart
   (z.B. KCl—$CaCl_2$)

3. ladungssymmetrische reziproke Mischungen
   (z.B. NaCl—KBr)

4. ladungsunsymmetrische reziproke Mischungen
   (z.B. KCl—$AlBr_3$)

5. echte ternäre Mischungen mit drei verschiedenen Kationen und einem gemeinsamen Anion oder umgekehrt.

Unsere Aufmerksamkeit gilt vor allem den ersten beiden Mischungstypen. Es ist für die Diskussion der Ergebnisse vorteilhaft, nicht die Konzentrationsabhängigkeit der Eigenschaften selbst, sondern die Abweichungen von den Werten einer idealen Mischung - in der Thermodynamik als Exzeßgrößen bezeichnet - zu betrachten.

Eine ideale Mischung im thermodynamischen Sinne liegt vor, wenn

- beim Mischen keine Mischungswärme auftritt, d.h.

  $\Delta H^M = 0$ ist und

- die Mischungsentropie den Wert annimmt, der einer statistischen Verteilung der Teilchen in der Schmelze entspricht, d.h.

$$\Delta S^M = R \sum_i - x_i \ln x_i = \Delta G^M$$

wobei die Summation über alle unterscheidbaren Spezies in der Schmelze vorzunehmen ist. Für die Aktivität dieser Spezies gilt dann

$$a_i = x_i.$$

Im Gegensatz zu den Mischungen von Nichtelektrolyten sind diese Spezies nicht mehr mit den molekularen Einheiten der Komponenten identisch, etwa NaCl, sondern sollten eher aus den ionischen Komponenten, also $Na^+$ und $Cl^-$, bestehen. Auf dieser Grundlage formulierten 1950 HERASYMENKO und SPEIGHT [7] sowie 1962 BRADLEY [8] Ausdrücke für die Aktivität der Salzkomponenten in idealen Ionenschmelzen. Deutlich herausgearbeitet und auf die Grenzgesetze ideal verdünnter Ionenschmelzen angewandt wurde dieses Prinzip 1969 durch HAASE [9]. Mit seinem Namen wird dieses Mischungsmodell im allgemeinen auch verknüpft. Die ideale Mischungsentropie ergibt sich dabei also aus der statistischen Verteilung der Ionen in der Schmelze.

In Tabelle 5 sind die daraus resultierenden Ausdrücke für die Salzaktivität in solchen idealen Mischungen dem analogen Ausdruck für einfache Nichtelektrolytmischungen gegenübergestellt. Für Mischungen des Typs AX-BX sind die Ausdrücke identisch, für ladungsunsymmetrische und reziproke Mischungen treten jedoch erhebliche Unterschiede auf.

Tabelle 5 Zusammenhang zwischen Aktivität und Molenbruch nach den Mischungsmodellen von TEMKIN, HAASE und für ideale Nichtelektrolytmischungen

| System | Nichtelektrolyte | HAASE | TEMKIN |
|---|---|---|---|
| $x_1$ $x_2$ | | | |
| AX–BX | $a_2 = x_2$ | $a_2 = x_2$ | $a_2 = x_2$ |
| $AX-BX_2$ | $a_2 - x_2$ | $a_2 = \frac{27x\,(1 + x_2)^2}{4\,(2 + x_2)^3}$ | $a_2 = x_2$ |
| $AX-B_2Y$ | $a_2 = x_2$ | $a_2 = \left[\frac{3x_2}{2 + x_2}\right]^3$ | $a_2 = \frac{4x_2^3}{(1 + x_2)^2}$ |

Das Mischungsmodell von HAASE trägt dem Vorliegen freier Ionen Rechnung, steht jedoch mit dem Energiekriterium ($\Delta H^M = 0$) einer idealen Mischung nicht in Übereinstimmung. Statistische Verteilung von Anionen und Kationen bedeutet, daß Anion und Kation ihre Positionen ohne Energieänderung austauschen können. Das widerspricht der Realität. Es ist nachgewiesen, daß in geschmolzenen Salzen überwiegend eine alternierende Ladungsverteilung vorherrscht, d.h., Kationen von Anionen umgeben sind und umgekehrt. Ein Kation-Anion-Austausch führt zum Eindringen gleichsinnig geladener Ionen in die erste Koordinationssphäre und ist stets mit einer Zunahme der inneren Energie verbunden. TEMKIN [10] schlug intuitiv schon 1945 ein Mischungsmodell für geschmolzene Salze vor, daß diese Schwierigkeit umgeht, aber lange Zeit nicht beachtet wurde. Er ordnete Anionen und Kationen jeweils einem Gitter zu und läßt Austauschvorgänge ohne Energieänderung nur innerhalb dieser Quasigitter zu. Abbildung 5 illustriert diese Vorstellung.

Gegenwärtig stellt das TEMKIN-Modell das allgemein akzeptierte und angewandte Modell dar. Das Wesentliche des TEMKIN-Modells ist nicht der Gitteraspekt, sondern die Nichtvertauschbarkeit von Kationen und Anionen in ihren Positionen.

Wenden wir uns den Eigenschaften konkreter Systeme zu und beschränken uns weitgehend auf Mischungen von Chloriden, die Aussagen zu Bromiden und Iodiden sind unter Berücksichtigung der Polarisierbarkeit der Anionen analog.

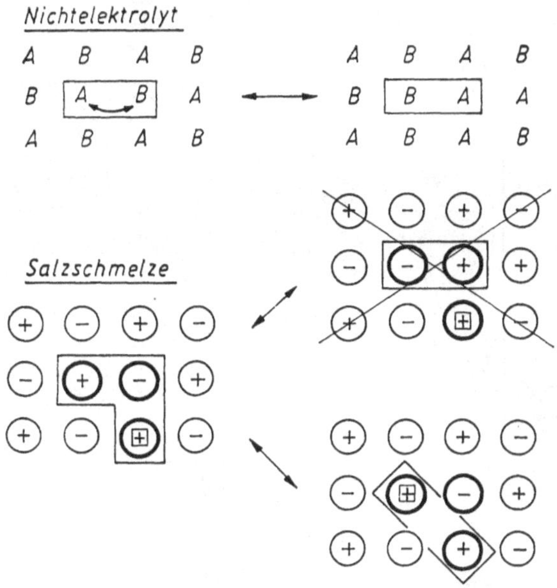


Abb. 5 Vertauschbarkeit der Spezies im Quasigitter

Als Beispiele für fast ideale Salzmischungen können die Systeme NaCl—KCl oder KCl—RbCl dienen. Die Molenbruchabhängigkeit einiger Größen ist in Abbildung 6 dargestellt. Hervorzuheben sind die kleinen Werte der Mischungsenthalpien sowie die geringen Abweichungen vom additiven Molvolumen. Die Kurven für die elektrische Leitfähigkeit und die Viskosität sind dagegen deutlich gekrümmt. Gehen wir zu anderen Alkalichloridmischungen über, so wird die Mischungsreaktion mit steigender Differenz in den Kationenradien exothermer. Da in den Schmelzen der reinen Alkali- bzw. Erdalkalimetallhalogenide infolge der elektrostatischen Kräfte ein symmetrischer Aufbau existiert, erfolgt beim Mischen dieser Salze eine Zerstörung der ursprünglichen Symmetrie der elektrostatischen Pole und eine Veränderung der lokalen Wechselwirkung zwischen Anionen und Kationen. Als Resultat ergibt sich eine bevorzugte Koordination der Anionen an das Kation mit der höchsten Ladungsdichte (z.B. das $M^{2+}$-Ion).

Die Verstärkung der lokalen Wechselwirkung ist von einer Verringerung der Energie des Systems begleitet und ergibt z.B. deutliche Abweichungen der freien Enthalpien von der idealen Mischung.

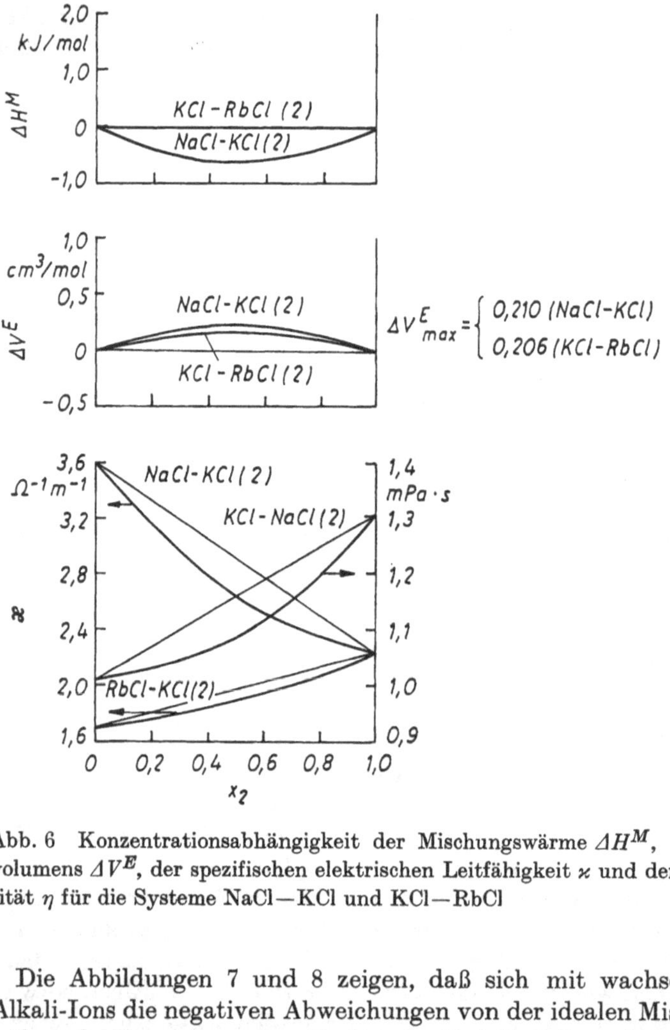


Abb. 6 Konzentrationsabhängigkeit der Mischungswärme $\Delta H^M$, des Exzeßmischungsvolumens $\Delta V^E$, der spezifischen elektrischen Leitfähigkeit $\varkappa$ und der dynamischen Viskosität $\eta$ für die Systeme NaCl—KCl und KCl—RbCl

Die Abbildungen 7 und 8 zeigen, daß sich mit wachsendem Radius des Alkali-Ions die negativen Abweichungen von der idealen Mischung vergrößern, während mit zunehmendem Radius des Erdalkali-Ions eine deutliche Verringerung resultiert. Diese Aussagen können für alle untersuchten Systeme getroffen werden. Wesentlich stärker negativ werden dadurch auch die Mischungsenthalpien in den ladungsunsymmetrischen Mischungen. Die Tendenz bei gleichem Erdalkalichlorid und Variation des Alkalichlorids ist wieder dieselbe: Zunahme der Mischungswärmen mit Vergrößerung der Ionenradiendifferenz. Ein Vergleich der Mischungswärme verschiedener Erdalkalichloride mit demselben Alkalichlorid zeigt aber, daß es in den ladungsunsymmetrischen Mischungen günstiger ist, nicht einfach mit dem Ionenradius sondern mit dem Ladungs-Radius-Verhältnis, dem Ionenpotential, zu korrelieren.

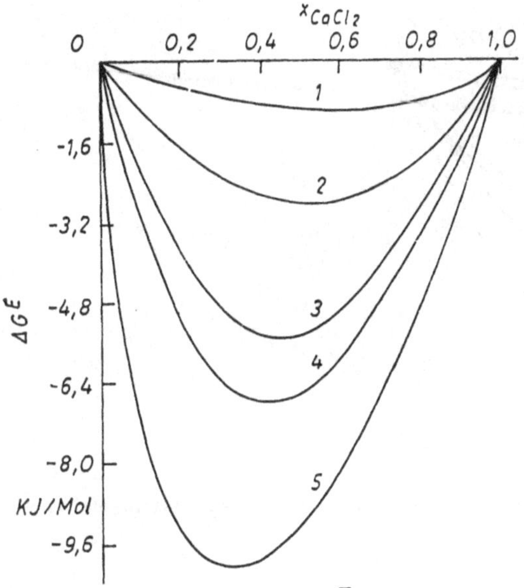


Abb. 7 Freie Exzeßenthalpien $\Delta G^E$ der Systeme $CaCl_2-MX$ 1 $LiCl-CaCl_2$, 2 $NaCl-CaCl_2$, 3 $KCl-CaCl_2$, 4 $RbCl-CaCl_2$, 5 $CsCl-CaCl_2$

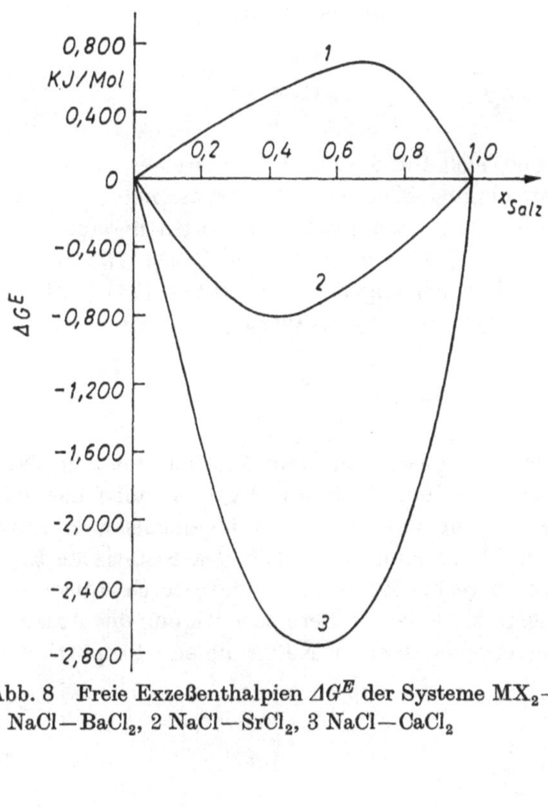


Abb. 8 Freie Exzeßenthalpien $\Delta G^E$ der Systeme $MX_2-NaCl$
1 $NaCl-BaCl_2$, 2 $NaCl-SrCl_2$, 3 $NaCl-CaCl_2$

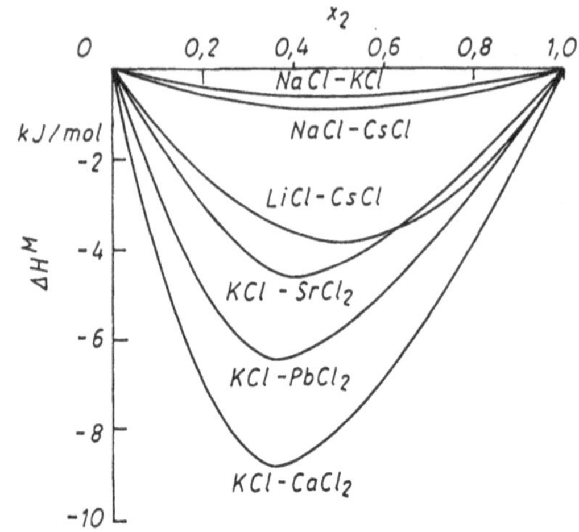


Abb. 9 Mischungswärmen $\Delta H^M$ ladungssymmetrischer und ladungsunsymmetrischer Systeme

Mit steigender Ionenpotentialdifferenz ergibt sich wieder eine Zunahme der Mischungswärmen.

Kleppa [11] fand, daß die Konzentrationsabhängigkeit der Mischungswärmen mit einem Ausdruck der Form

$$\frac{\Delta H^M}{x_1 \cdot x_2} = a + b\, x_2 + c\, x_2^{\,2} + \ldots = \lambda$$

beschrieben werden kann, wobei sich für die Größe $\lambda$ aus einer quasichemischen Theorie heraus die Bezeichnung Wechselwirkungsparameter eingebürgert hat. Sowohl aus den statistisch-mechanischen Theorien geschmolzener Salze von Reiss, Katz und Kleppa [12], von Davis und Reiss [13], als auch aus einfachen elektrostatischen Betrachtungen von Førland [14] folgt, daß $\lambda$ bei Systemen gleichen Ladungstyps in erster Näherung dem Abstandsparameter

$$\delta_{12} = \frac{d_1 - d_2}{d_1 d_2} \text{ proportional sein soll.}$$

Nach Førland resultiert der Energiegewinn beim Mischen aus einer Verringerung der Kationenabstoßung. Seiner Rechnung legte er einen hier dargestellten formalen Mischungsvorgang zweier Salze mit gemeinsamen Anion aber Kationen unterschiedlicher Radien zugrunde. Die elektrostatische Energie der gemischten Konfiguration rechts ist geringer und der Energiegewinn $\delta_{12}$ proportional. Auch verfeinerte Modelle mit Berücksichtigung der Anionenpolarisation durch die Kationen ergeben in erster Näherung eine Proportionalität zum Abstandsparameter.

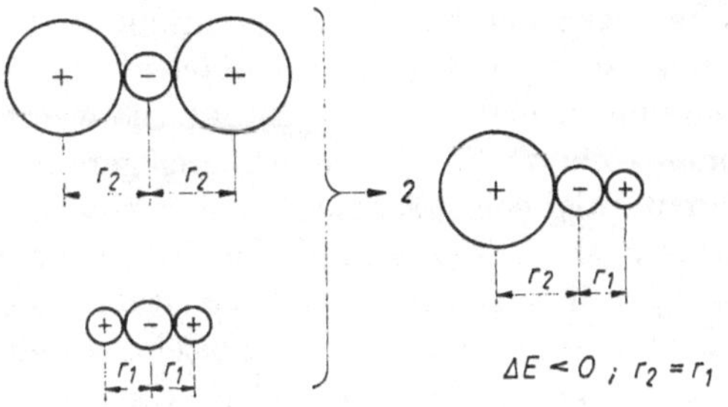


Abb. 10 FØRLAND-Modell zur Verringerung der Kationenabstoßung

In der nächsten Abbildung ist die Korrelation des Wechselwirkungsparameters mit dem Abstandsparameter $\delta_{12}$ für die Systeme Erdalkalichlorid-Alkalichlorid beim Molenbruch von 0,33 für das Erdalkalichlorid dargestellt. Beim Vergleich von Mischungen mit einem gemeinsamen Salz ergeben sich Geraden; für alle Systeme zusammen ist die Beziehung zum Abstandsparameter nur noch grob erfüllt.

Interessant ist die Konzentrationsabhängigkeit des Wechselwirkungsparameters. Während er in Systemen mit kleinen Ionenpotentialdifferenzen konstant bleibt oder linear ansteigt, sind die entsprechenden Kurven für Salz-

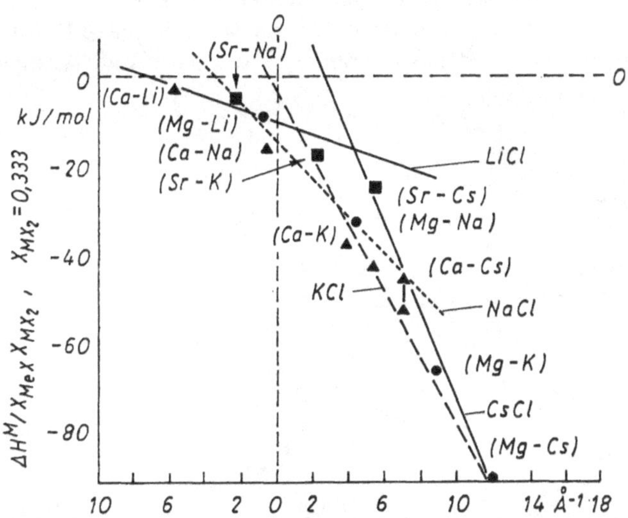


Abb. 11 Wechselwirkungsparameter $\lambda = H^H/(x_1x_2)$ als Funktion des Abstandsparameters $\delta_{12}$ für Alkalimetallchlorid-Erdalkalimetallchloridmischungen (Geraden verbinden Systeme mit gemeinsamen Alkalichlorid) [15]

paare mit großen Ionenpotentialdifferenzen der Kationen gekrümmt und es kann zur Ausbildung eines Minimums kommen. Mit Hilfe einfacher elektrostatischer Theorien sind diese Krümmungen nicht interpretierbar. Sie werden deshalb mit der Tendenz zur Komplexbildung in Zusammenhang gebracht. Das Kation mit dem höheren Ionenpotential soll mit dem Anion in gewissem Maße kovalente Wechselwirkungen eingehen. Auf Grund der Abwesenheit eines Lösungsmittels in diesen binären geschmolzenen Mischungen ist die Frage der Komplexbildung umstritten, wenn man von einigen Fällen absieht, die eine klassische Interpretation erlauben. Die Lage von Minima und Maxima wurde schon frühzeitig im Zusammenhang mit dem Phasendiagramm in Termen der Komplexbildung diskutiert. Systeme mit ausgeprägter Verbindungsbildung in der festen Phase weisen im allgemeinen auch ausgeprägte Minima oder Maxima in ihren Konzentrations-Eigenschafts-Kurven auf. Die Lage des Extremwertes fällt jedoch selten mit dem Dystektikum der stabilsten Verbindungen im Phasendiagramm zusammen, z. B. sind in den 1-2-Mischungen meist die 1:1-Verbindungen in der festen Phase am stabilsten. Die charakteristischen Minima und Maxima für die flüssige Phase treten aber oft zwischen 30–40 Mol-% des zweiwertigen Salzes, d. h., in der Nähe der Zusammensetzung der 2:1-Verbindung auf. Andererseits ist es möglich, wie hier im System $KCl-CaCl_2$ bei der Konzentrationsabhängigkeit des Wechselwirkungsparameters, daß trotz ausgeprägter Verbindungsbildung einige Eigenschaften in ihrer Konzentrationsabhängigkeit keine oder nur geringe Besonderheiten aufweisen.

Für einige Mischungen gelang es, ramanspektroskopisch komplexe Spezies durch Vergleich mit den entsprechenden Spektren der Festkörper und wäßrigen

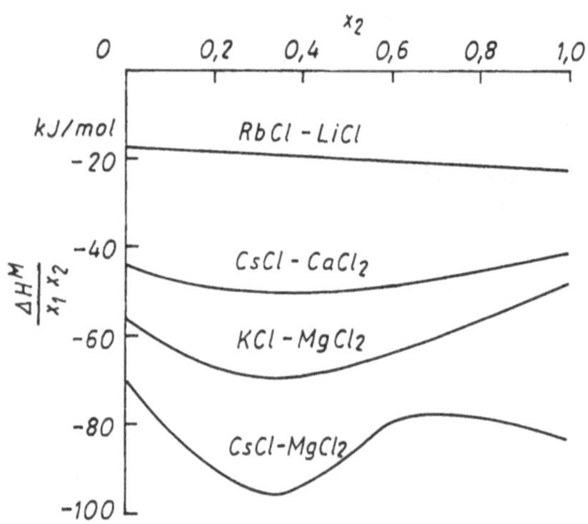


Abb. 12 Konzentrationsabhängigkeit des Wechselwirkungsparameters $\lambda$

Lösungen zu identifizieren, z.B. für $[Zn\,X_4]^{2-}$, $[Al\,X_4]^-$, $[Cd\,X_4]^{2-}$, $[In\,X_4]^-$ [16–18].

Der ramanspektroskopische Nachweis ist jedoch an eine genügend große Kovalenz bezüglich der Bindungen innerhalb der komplexen Spezies gebunden. Im System KCl—$MgCl_2$ ist nur eine schwache und breite Ramanbande zu erhalten, die nicht eindeutig einem der drei Chlorokomplexe $[MgCl_4]^{2-}$, $[MgCl_3]^-$, $[MgCl_6]^{4-}$ zugeordnet werden kann [19, 20].

Andererseits liegt die „Beobachtungsdauer" in der Ramanspektroskopie noch unterhalb der mittleren Lebensdauer des Quasigitters der Schmelze, die auf $10^{-12}$–$10^{-11}$ s geschätzt wird. Der spektroskopische Nachweis eines Komplexes sagt also noch nichts darüber aus, ob diese räumliche Anordnung der Liganden um das Zentralatom nur eine Folge der gesamten Quasigitterstruktur ist oder ob es sich um diskrete Spezies mit wesentlich höherer Lebensdauer handelt. Aus diesem Sachverhalt heraus wurde das Kriterium der „kinetisch stabilen Einheit" aufgestellt. Falls die Lebensdauer eines Komplexspezies wesentlich höher als die mittlere Schwingungsdauer des Quasigitters der Schmelze ist, sollte es als eine solche Einheit beim Stromtransport oder diffusen Stofftransport durch die Schmelze erhalten bleiben. Diesem „kinetischen Kriterium" widmeten wir uns bei den Untersuchungen zur Struktur der geschmolzenen Alkalihalogenid-Erdalkalihalogenidmischungen.

### *3.2. Transporteigenschaften*

Da für Gleichgewichtseigenschaften andere zwischenmolekulare Wechselwirkungen signifikant sind als für Transporteigenschaften, können Strukturen von Salzschmelzen nur im Zusammenhang von „long-range"- und „short-range"-Kräften diskutiert werden.

So können z.B. aus dem Verlauf der aus den elektrischen Leitfähigkeiten berechneten sogenannten Exzeßleitfähigkeiten in den untersuchten Systemen zwei Haupteinflußfaktoren auf die Leitfähigkeit abgeleitet werden:

- ein positiver Beitrag zur Gesamtleitfähigkeit, der aus der vollständigen Dissoziation der reinen Salze bei Zugabe des zweiten Salzes resultiert ($\lambda^E_{Ion}$);
- ein negativer Beitrag zur Gesamtleitfähigkeit, der sich aus der Assoziation der Anionen an die Kationen mit der höchsten Ladungsdichte ergibt ($\lambda^E_{Ass}$).

Für die Diskussion erweist sich deshalb die Aufspaltung der $\lambda^E$-Werte in zwei sich entgegengesetzt beeinflussende Terme $\lambda^E_{Ion}$ und $\lambda^E_{Ass}$ als günstig.

$$\lambda^E = \lambda^E_{Ass} + \lambda^E_{Ion}$$

In Abbildung 13 sind ausgewählte Systeme dargestellt, die alle diskutierten Typen enthalten.

Besonders aufschlußreich sind Kationenüberführungszahlen und ionische Selbstdiffusionskoeffizienten. Es hatte vorher nicht an Bemühungen gefehlt,

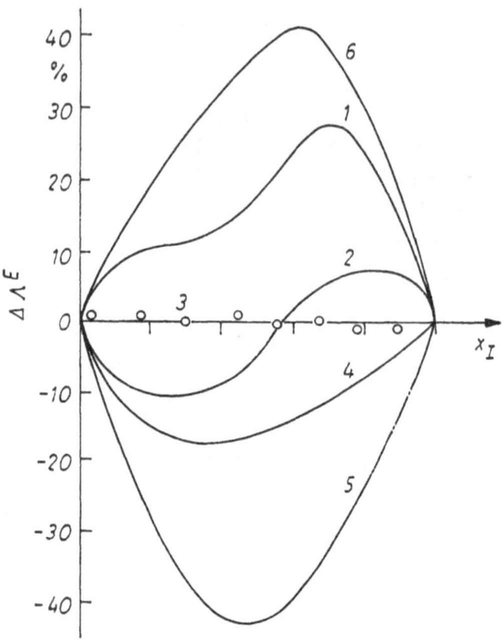


Abb. 13 Exzeßleitfähigkeiten ausgewählter Systeme

1. $MgCl_2-NaCl$

$\lambda^E_{Ion} \gg \lambda^E_{Ass}$ $\quad \lambda^E > 0$

2. $MgCl_2-KCl$

$x_{MgCl_2} > 0{,}5\colon \lambda^E_{Ion} > \lambda^E_{Ass}\ \lambda^E > 0$

$x_{MgCl_2} < 0{,}5\colon \lambda^E_{Ion} < \lambda^E_{Ass}\ \lambda^E < 0$

3. $NaCl-KCl$

$\lambda^E_{Ion} = \lambda^E_{Ass} = 0$ $\quad \lambda^E = 0$

4. $LiCl-KCl$

$\lambda^E_{Ion} = 0$ $\quad \lambda^E_{Ass(Li)} > \lambda^E_{Ion}$ $\quad \lambda^E < 0$

5. $CaCl_2-CsCl$

$\lambda^E_{Ass} \gg \lambda^E_{Ion}$ $\quad \lambda^E < 0$

6. $CaCl_2-MgCl_2$

$\lambda^E_{Ion} \gg \lambda^E_{Ass}$ $\quad \lambda^E > 0$

Diffusionskoeffizienten in diesen Systemen genügend genau zu bestimmen. Die Ergebnisse waren jedoch insgesamt unzureichend. Wir wandten uns der Bestimmung der inneren Kationenüberführungszahlen und relativen Kationenbeweglichkeiten zu. Da sich mit den üblichen Methoden zur Bestimmung von Überführungszahlen, wie HITTORFsche Methode oder Methode der wandernden Grenzflächen, unter den experimentellen Bedingungen von geschmolzenenen Salzen nur schwer reproduzierbare Bedingungen realisieren lassen, gingen wir den Weg über die EMK einer Konzentrationskette mit Überführung. Eine gewisse Schwierigkeit bereitet dabei die Auswahl geeigneter Elektroden. Wir arbeiteten bis etwa 1 000 °C mit Halogenelektroden in Form von Gaselektroden, die mit einiger Erfahrung gut beherrschbar sind. In die EMK einer Kette des Typs

$$\begin{array}{ccc} \mathrm{I} & & \mathrm{II} \\ \mathrm{C, X_2/MX} & \vdots\ \mathrm{MX} - & \mathrm{M'X_2/X_2, C} \qquad \mathrm{X = Cl, Br, I,} \\ x_{13} = 1 & x_{13} & x_{23} \end{array}$$

gehen die innere Überführungszahl $t_{13}$ des Alkalimetallions und die thermodynamische Aktivität des Alkalihalogenids ein.

$$E = -\frac{RT}{2F}\int_{\mathrm{I}}^{\mathrm{II}} \frac{2t_{13} - t_{13}x_{13} - x_{13}}{1 - x_{13}}\,\mathrm{d}\ln a_{13}$$

Die EMK dieser Kette wird auch oft als Diffusionspotential zwischen beiden Halbzellen angesprochen. Inwieweit dies berechtigt ist, soll hier nicht erörtert werden. Wichtig ist, daß man durch Differenzieren der EMK nach der Salzaktivität die innere Überführungszahl $t_{13}$ erhält. Die Salzaktivität haben wir dabei aus unabhängigen Messungen, z. B. über Dampfdruckmessungen ermittelt.

In der nächsten Abbildung werden einige EMK-Kurven für Bromidsysteme vorgestellt. Es ist durchaus möglich, die EMK selbst schon für eine Einschätzung der Nichtidealität der Systeme und ihrer Tendenz zur Komplexbildung heranzuziehen, wie man vielleicht schon aus der Zunahme der Werte mit Vergrößerung der Differenz der Ionenpotentiale der Kationen vermuten kann. Wir wollen uns aber gleich den Überführungszahlen zuwenden.

Die Überführungszahl gibt bekanntlich den Anteil des jeweiligen Ions am gesamten Stromtransport durch den Elektrolyten an. Sie erreicht den Wert eins, wenn das entsprechende Ion allein den Strom transportiert. Bei den inneren Kationenüberführungszahlen dienen die Anionen als Bezugssystem, der Stromtransport wird gewissermaßen auf die beiden Kationen der Mischung aufgeteilt. Die Summe der Überführungszahlen für das Alkalimetallion und das Erdalkalimetallion ist demzufolge gleich

$$t_{13} + t_{23} = 1.$$

Unterliegen beide Kationen in der Mischung gleichen Wechselwirkungen, sollte für jedes Kation der Anteil am Stromtransport zahlenmäßig dem Äqui-

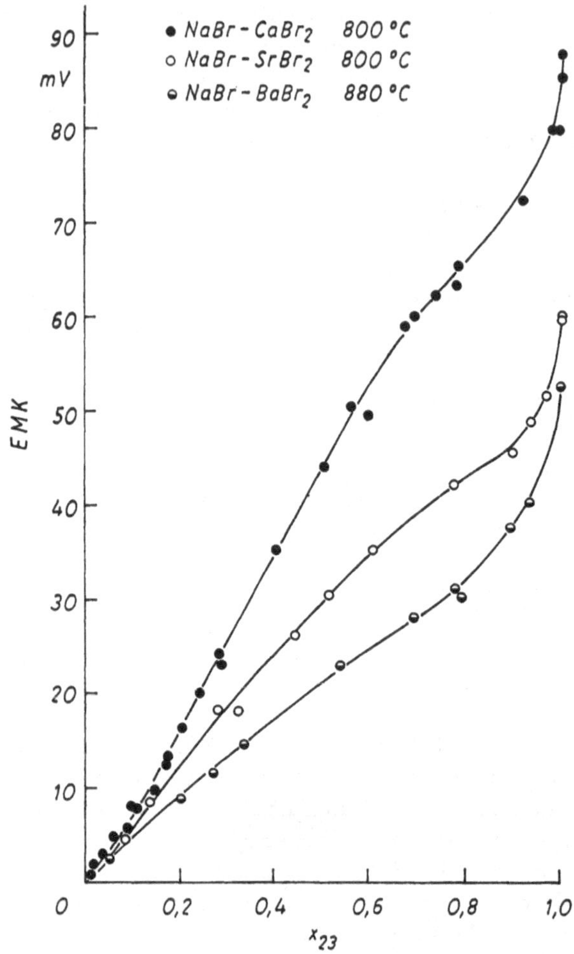


Abb. 14 Konzentrationsabhängigkeit der EMK von Ketten des Typs C, $Br_2$/MBr: MBr—M'$Br_2$/$Br_2$, C

valentbruch, also der durch das Kation verursachten Ladungskonzentration gleich sein

$$t_{13} = E_{13}; \quad t_{23} = E_{23} = 1 - E_{13}.$$

Werden die Erdalkalimetallionen z. B. teilweise durch Komplexbildung gebunden, sinkt $t_{23}$ um einen gewissen Betrag unter den Wert $E_{23}$ und die Überführungszahl der Alkalimetallionen übersteigt um den gleichen Betrag den Wert von $E_{13}$. Der Wert ($t_{13}$–$E_{13}$) gibt deshalb direkt den überschüssigen Stromtransport des Alkalimetallions an und wird bei aller Vorsicht in Analogie zur Nomenklatur in der Thermodynamik als Exzeßüberführungszahl $t_{13}$ bezeichnet.

Für einige Systeme seien die Exzeßüberführungszahlen der Alkalimetallionen in Abbildung 15 als Funktion des Molenbruchs an Erdalkalichlorid vorgestellt. Das Maximum der Exzeßüberführungszahlen liegt wie bei den schon besprochenen anderen Eigenschaften wieder zwischen 30–40 Mol-% Erdalkalichlorid und seine Höhe nimmt mit zunehmendem Ionenpotential (bzw. abnehmendem Radius) des Erdalkalimetallions zu. Bei gleichem Erdalkalimetallion vergrößert sich das Maximum mit wachsendem Radius des Alkalimetallions. Noch direkter kann der Einfluß einer eventuellen Komplexbildung aus der Be-

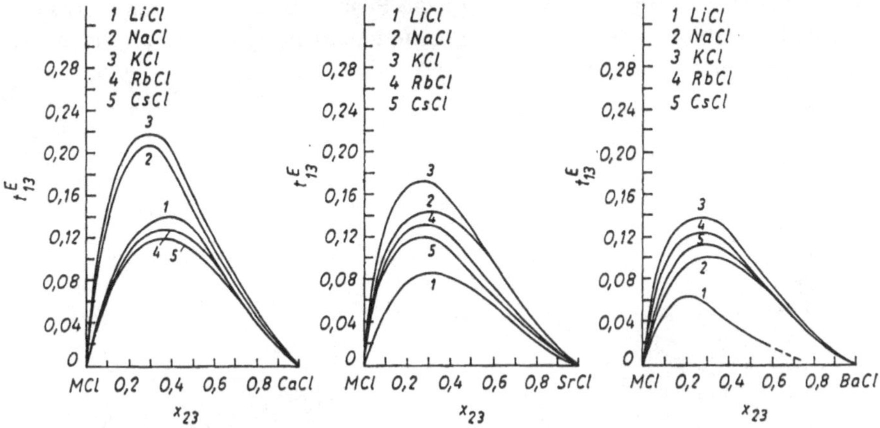


Abb. 15 Konzentrationsabhängigkeit der Exzeßüberführungszahl in Alkalimetallchlorid-Erdalkalichloridmischungen (statt CaCl lies $CaCl_2$; statt SrCl lies $SrCl_2$; statt BaCl lies $BaCl_2$)

rechnung der relativen Beweglichkeiten der Erdalkalimetallionen abgelesen werden. Die relative Kationenbeweglichkeit erhält man aus der Überführungszahl des Ions und der Äquivalentleitfähigkeit der Mischung nach

$$b_{ij} = \frac{t_{ij} \cdot \lambda}{E_{ij} \cdot F}.$$

Bei vollständiger Komplexierung sollte die Beweglichkeit der Erdalkalimetallionen relativ zu den Chloridionen fast auf null absinken. Schauen wir uns die Ionenbeweglichkeiten für einige Systeme an. Die Beweglichkeit des Calciumions (Abb. 16) nimmt zwar bei Zugabe von KCl stark ab, erreicht aber bei weitem nicht den Wert null. Entsprechend geringer sind die Beweglichkeitsabnahmen für $Sr^{2+}$ (Abb. 17) und $Ba^{2+}$ (Abb. 18). Sind in den Mischungen die Ionenpotentiale von Alkalimetallion und Erdalkalimetallion von vergleichbarer Größe, kann die Beweglichkeit des Erdalkalimetallions sich in der Mischung auch erhöhen, wie hier am Beispiel des $Ba^{2+}$ im System $NaCl-BaCl_2$ und des $Ca^{2+}$ im System $LiCl-CaCl_2$ zu erkennen ist.

Die Beweglichkeiten der Alkalimetallionen nehmen ausgehend vom reinen Alkalichlorid immer ab, was der natürlichen Tendenz der freien Ionen zum Beweglichkeitsangleich entspricht.

Es erscheint auf Grund dieser Ergebnisse in den Systemen Alkalichlorid-Erdalkalichlorid nicht gerechtfertigt, von einer Komplexbildung im Sinne „kinetisch stabiler Einheiten“ zu sprechen. Eine bevorzugte Koordination der Anionen um die Kationen mit dem höheren Ionenpotential ist zweifellos vorhanden, aber nicht im Sinne einer direkten Wechselwirkung. Vielmehr sollte man sich das Erreichen dieser erhöhten Koordination entsprechend einem modifizierten Leerstellenmodell (Abb. 19) so vorstellen, daß die Erdalkalimetallionen als die Ionen mit dem höheren Ionenpotential innerhalb des Quasigitters der Schmelzstruktur bevorzugt die Positionen (A) einnehmen, während die Alkalimetallionen häufiger auf Positionen anzutreffen sind, wie sie hier mit (B) gekennzeichnet sind.

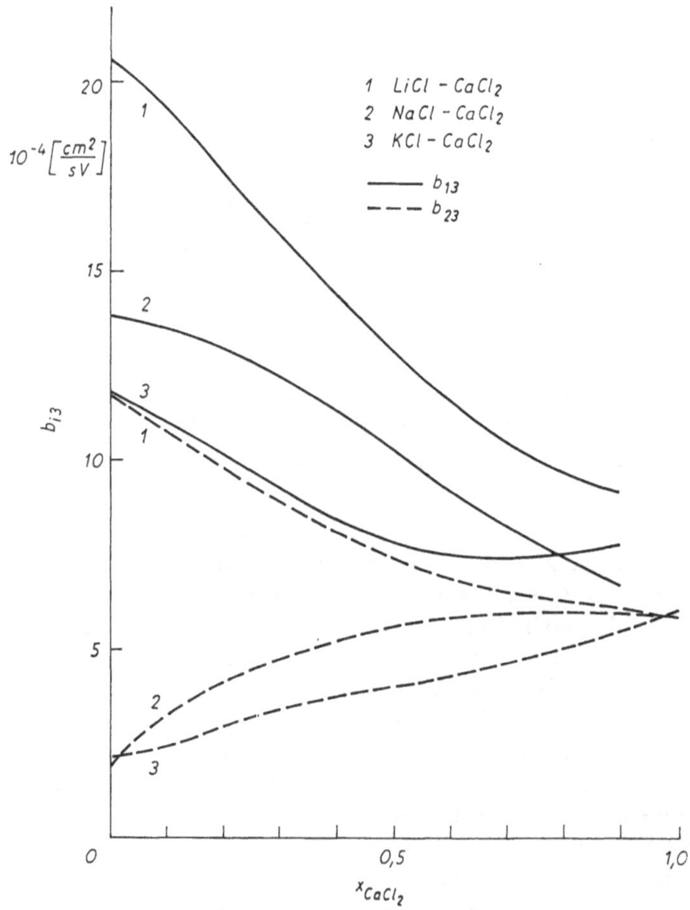


Abb. 16 Relative Kationenbeweglichkeiten der Systeme $CaCl_2$—MCl (M = Li, Na, K)

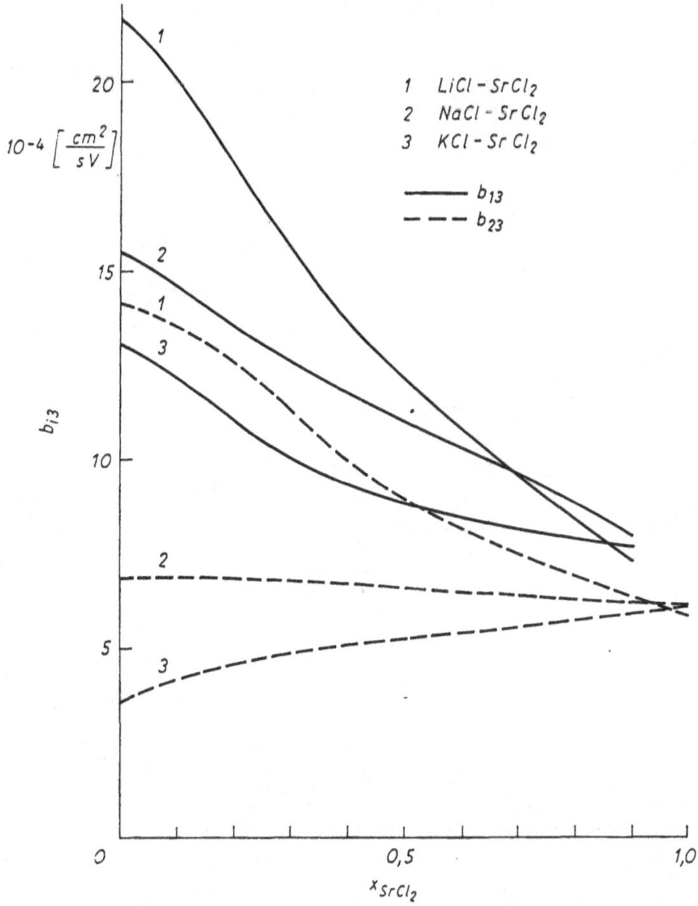


Abb. 17 Relative Kationenbeweglichkeiten der Systeme $SrCl_2$—MCl (M = Li, Na, K)

Diese Betrachtungsweise nimmt eine Mittelstellung zwischen den beiden schon genannten Modelltypen ein: den elektrostatischen Theorien von Førland, Reiss, Katz, Kleppa und Davis, die gleiche Koordination für beide Kationenarten voraussetzen und den Vorstellungen zur Komplexbildung mit der Formulierung diskreter Komplexionen.

### *3.3. Untersuchung der Gasphase über Salzschmelzen*

Umfangreiche Untersuchungen zur thermodynamischen Charakterisierung von binären Salzschmelzen aus Erdalkalimetall- und Alkalimetallhalogeniden wurden mit Hilfe von Dampfdruckmessungen durchgeführt. Dabei ist es auf

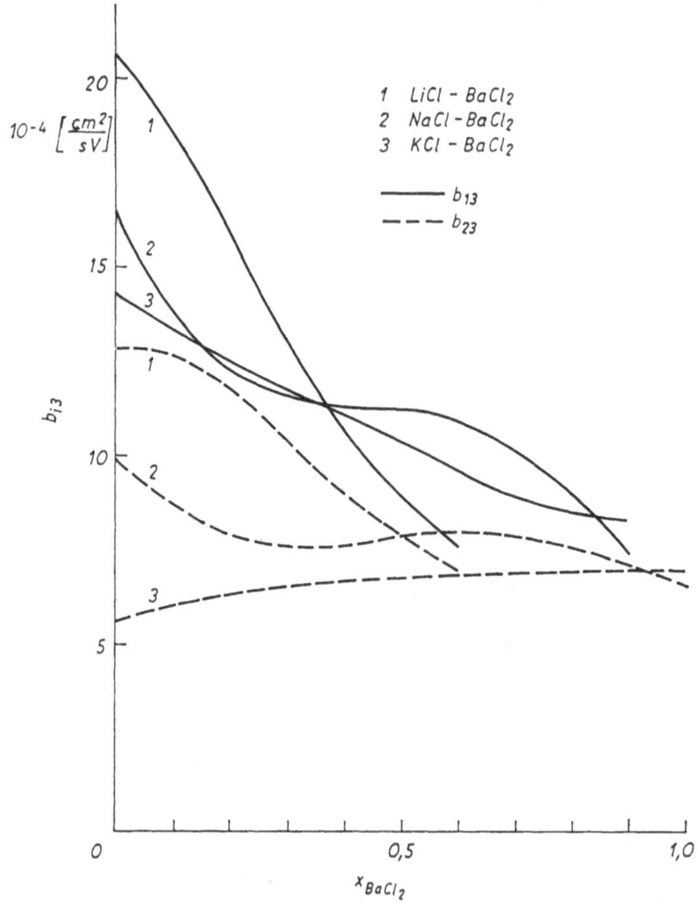


Abb. 18 Relative Kationenbeweglichkeiten der Systeme $BaCl_2$—MCl (M = Li, Na, K)

Grund des großen Dampfdruckunterschiedes zwischen beiden reinen Stoffen zunächst gerechtfertigt, nur das Alkalimetallhalogenid als Komponente in der Gasphase anzunehmen. Der Gesamtdruck über der Mischung ist somit gleich dem Partialdruck des Alkalimetallhalogenids. Die Aktivität dieser leichter flüchtigen Komponente ergibt sich dann aus dem Quotienten von Dampfdruck der Mischung und Dampfdruck des reinen Stoffes. Die Berechnung der Aktivität des Erdalkalimetallhalogenids erfolgt mit Hilfe der GIBBS-DUHEMschen Gleichung. Daraus können die molaren freien Exzeßenthalpien sowie die Exzeßentropie bestimmt werden. Experimentelle Grundlage war die KNUDSEN-Effusionsmethode. Dieses Verfahren setzt, wie aus der Berechnungsgleichung

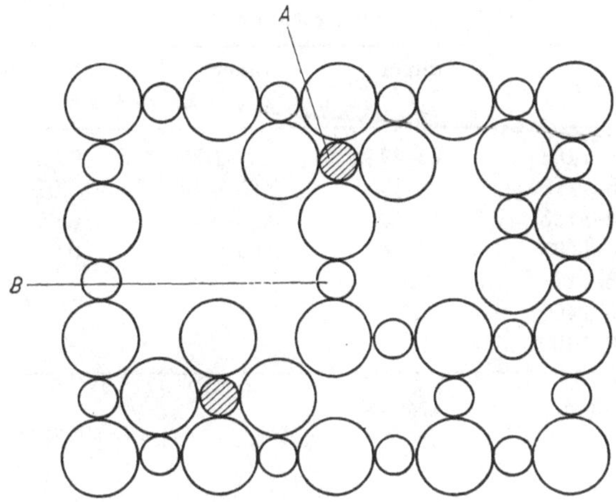


Abb. 19 Modifiziertes Leerstellenmodell

ersichtlich ist, die Kenntnis der Molmasse des Dampfes voraus

$$p = \frac{m_v}{F \cdot t} \sqrt{\frac{2\pi \cdot RT}{M(g)}}.$$

Zahlreichen Untersuchungen zufolge existieren in der Gasphase über Alkalimetallhalogeniden zum Teil beträchtliche Anteile an polymeren Molekülen. Auf Grund der Differenzen bezüglich quantitativer Aussagen gingen wir bei der Berechnung des Dampfdruckes vorerst von der Molmasse des jeweiligen monomeren Alkalimetallhalogenids aus.

Durch Kombination einer KNUDSENzelle mit einem Massenspektrometer besteht die Möglichkeit, Aussagen zur Gasphasenzusammensetzung zu erhalten. Dazu wurden massenspektroskopische Untersuchungen an Alkalihalogenid-Erdalkalihalogenid-Mischungen durchgeführt. Grundlage dazu waren vorausgehende Experimente an den reinen Salzen. Bei den Untersuchungen an den reinen Alkalimetallhalogeniden wurde die Abhängigkeit der Polymerenanteile von der Temperatur verfolgt. Dabei konnten neben monomeren Molekülen Dimere, Trimere und Tetramere bestätigt werden. Mit steigender Größe dieser Assoziate nimmt ihr Anteil in der Gasphase ab. Für die Bromide und Iodide wurden analoge Ergebnisse erhalten, wobei die Stabilität der Komplexe mit steigendem Radius des Anions fällt.

Messungen an Erdalkalimetallhalogeniden zeigten, daß in der Gasphase nur sehr geringe Konzentrationen an Dimeren auftreten. Andere Assoziate wurden nicht beobachtet (Tab. 6).

Tabelle 6 Dampfzusammensetzung der Chloride (Polymerenanteil)

| Salz | $F_p$ K | $T$ K | dimer % | trimer % | tetramer % |
|---|---|---|---|---|---|
| NaCl | 1073 | 873–1163 | 23–52 | 0,6 –1,25 | 0,02 |
| KCl | 1043 | 838–1118 | 13–63 | 0,25–0,45 | 0,07 |
| RbCl | 995 | 808–1123 | 12–50 | 0,1 –0,4 | 0,05 |
| CsCl | 918 | 720–1093 | 5–51 | 0,05–0,2 | 0,05 |
| $CaCl_2$ | 1045 | 923–1173 | 1,5 | | |
| $SrCl_2$ | 1146 | 950–1400 | 0,5 | | |
| $BaCl_2$ | 1233 | 950–1400 | 0,15 | | |

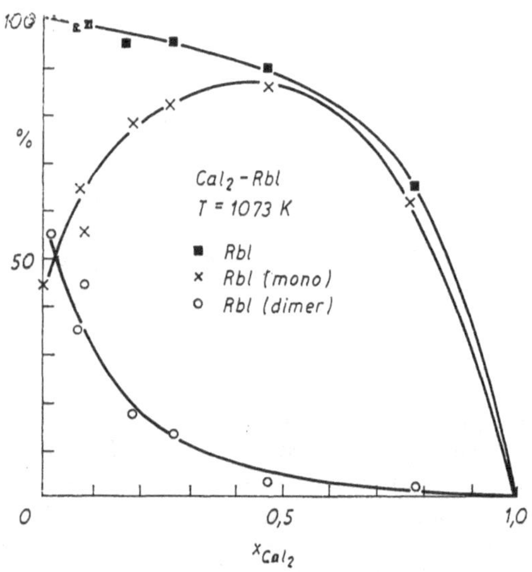


Abb. 20 Mono- und Dimerengehalt des Dampfes über $CaI_2$—RbI-Mischungen

Die massenspektroskopischen Untersuchungen an den binären Mischungen zeigten, daß die monomeren und dimeren Moleküle der Alkalimetallhalogenide dominant sind. Für die Anteile an Dimeren ergibt sich dabei eine Abnahme mit steigender Konzentration an Erdalkalimetallhalogenid. Diese Abnahme korreliert mit dem Absinken des Gesamtdampfdrucks über dem System. Neben diesen Molekülen konnte auch die Existenz von gemischten Gaskomplexen nachgewiesen werden (Abb. 21). Außer den in diesem Beispiel aufgeführten 1:1 und 2:1-Komplexen wurde für das System $CaI_2$—KI auch der 1:2-Komplex gefunden. Die Maxima im Auftreten dieser Heterokomplexe liegen etwa bei den entsprechenden stöchiometrischen Zusammensetzungen der Schmelzen. Für die Ermittlung der mittleren Molmasse sind diese Anteile jedoch unwesentlich, so daß neben den Monomeren lediglich die Dimeren der

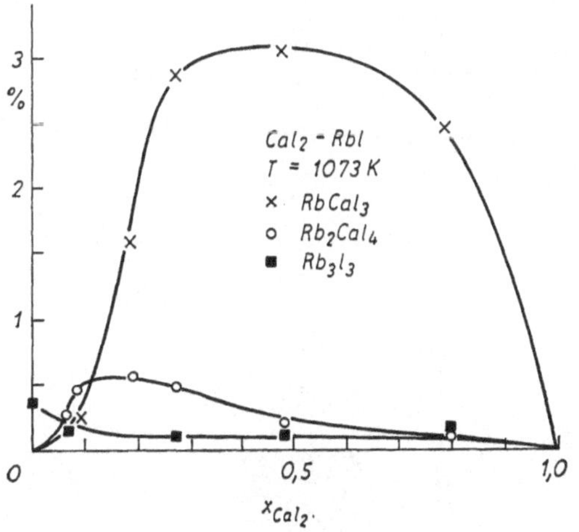


Abb. 21 Gehalt an Heterokomplexen über $CaI_2$—RbI-Mischungen

Alkalimetallhalogenide berücksichtigt werden mußten. Mit Hilfe einer allgemeinen Beziehung zwischen Druck und Dimerenanteil wurden auch für die nicht experimentell untersuchten Mischungen die Dimerenkonzentrationen ermittelt.

Abbildung 22 zeigt den Vergleich der Dampfdruckkurve, berechnet mit der Molmasse des Monomeren, und der mit den experimentellen Monomer- und Dimerkonzentrationen ermittelten. Entsprechend dem Absinken der Anteile des Assoziates sind die beiden Kurven ab Molenbruch $x = 0,5$ mit steigender Konzentration an Erdalkalimetallhalogenid nahezu identisch. Der Vergleich der daraus ermittelten thermodynamischen Daten zeigt, daß durch die zur Aktivitätsbestimmung notwendige Quotientenbildung von Dampfdruck der Mischung zu Dampfdruck des reinen Stoffes die Unterschiede meist nur gering sind. Daraus kann geschlußfolgert werden, daß die thermodynamischen Parameter, die aus den Dampfdrücken unter Zugrundelegung der Molmasse des monomeren Alkalimetallhalogenids berechnet wurden, bereits eine recht gute Näherung darstellen.

Aus der massenspektroskopisch nachgewiesenen Existenz von Eigenassoziaten und Heterokomplexen können keine eindeutigen Schlußfolgerungen auf das Auftreten entsprechender komplexer Ionen in der Schmelze gezogen werden.

Deutlich wird diese Tatsache an dem von uns untersuchten System $MgCl_2$—LiCl, das einige Besonderheiten im Vergleich zu den anderen Mischungen aus Erdalkalihalogenid und Alkalihalogenid aufweist. Die Dampfdrücke der reinen Salze liegen annähernd in der gleichen Größenordnung, und im Schmelzdiagramm wird keine Verbindungsbildung im festen Zustand beobachtet. Betrachtet man unter diesem Gesichtspunkt die Abbildung 23, auf der der Verlauf

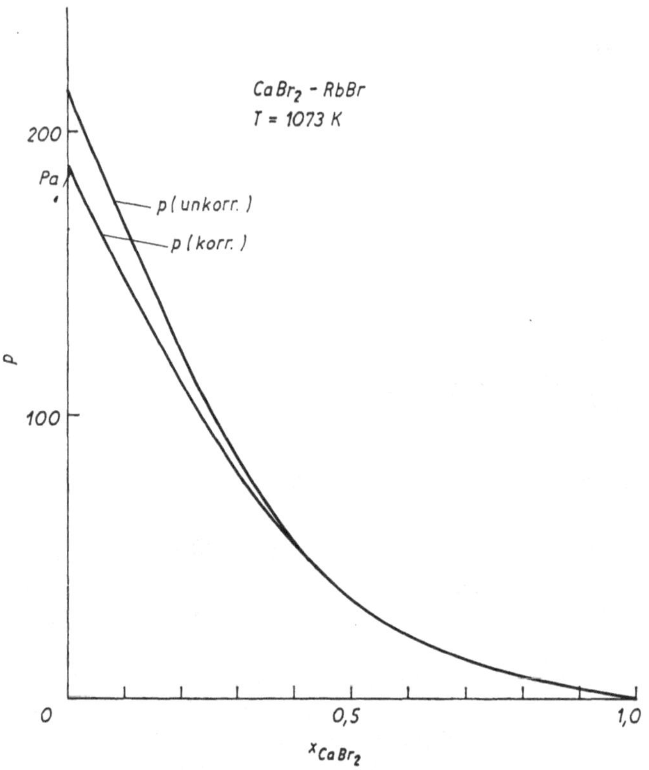


Abb. 22 Dampfdrücke nach der KNUDSEN-Effusions-Methode mit und ohne Berücksichtigung des Dimerenanteils

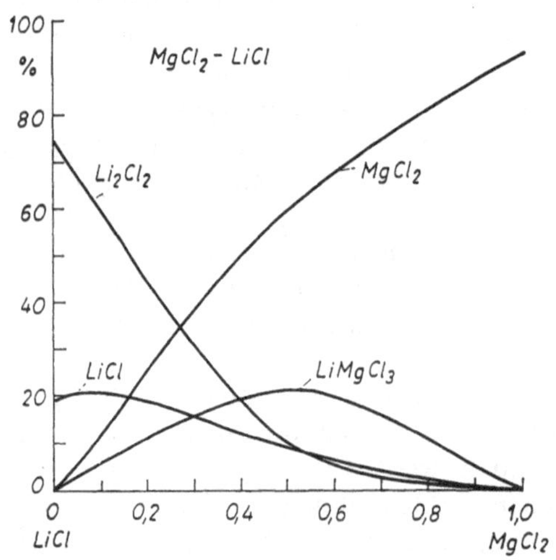


Abb. 23 Dampfzusammensetzung im System $MgCl_2$—LiCl

der hauptsächlichen Spezies im Dampf in Abhängigkeit von der Konzentration dargestellt ist, so fällt der sehr hohe Gehalt an dimerem $Li_2Cl_2$ auf und ebenfalls die vergleichbaren Intensitäten der zum $MgCl_2$ bzw. LiCl gehörenden Teilchen. Der sehr hohe Anteil der Verbindung $LiMgCl_3$ im Dampf weist darauf hin, daß ein unmittelbarer Zusammenhang zum Typ des Schmelzdiagramms nicht gegeben ist, da die Verbindung hier nicht beobachtet wird.

### *3.4. Versuch einer Systematisierung der Ergebnisse*

Um sich einen gewissen Gesamtüberblick über die Mischungen, deren Eigenschaften und grundsätzlichen Wechselwirkungen zwischen den Komponenten zu schaffen, fanden wir es sinnvoll, eine Art Affinitätsreihe aufzustellen (Abb. 24). In dieser Reihe nimmt von links nach rechts das Koordinationsvermögen der Kationen gegenüber den Chloridionen zu. Auf der linken Seite liegt dabei eine Anordnung nach steigendem Ionenpotential der Kationen vor; weiter rechts wird das Koordinationsvermögen immer mehr durch kovalente Wechselwirkungen bestimmt. Darunter sind die charakteristischen Kurvenverläufe der Mischungswärmen, der Exzeßmischungsvolumina und der Äquivalentleitfähigkeiten für Mischungen von in der Reihe benachbarter oder wenig voneinander entfernter Salze schematisch dargestellt, ganz links die Mischungen der Alkalihalogenide, die durch eine geringe Abnahme der inneren Energie infolge verringerter COULOMBscher Abstoßung der Kationen gekennzeichnet sind. Damit gehen schwach positive Exzeßvolumina und relativ geringe Abweichungen der Äquivalentleitfähigkeit von der Additivität konform.

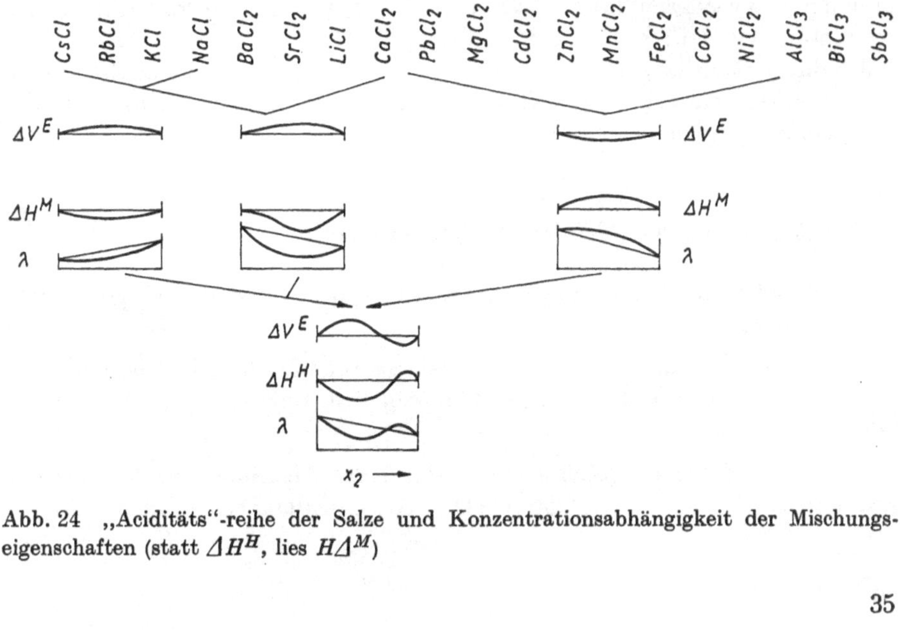


Abb. 24 „Aciditäts"-reihe der Salze und Konzentrationsabhängigkeit der Mischungseigenschaften (statt $\Delta H^H$, lies $H\Delta^M$)

Entgegengesetzt sind die Effekte für Mischungen benachbarter Salze auf der rechten Seite. Auf Grund der großen Tendenz der Kationen zur weiteren Koordination von Anionen existieren in den Schmelzen der reinen Salze große ionische Aggregate, deren Skala von Dimereneinheiten bis zu polymeren Ketten – wie im $ZnCl_2$ – reicht. Beim Mischen dieser Salze kommt es dann zu einem Aufbrechen dieser Ionenaggregate, was mit Energieverbrauch, Volumenabnahme und Leitfähigkeitserhöhung verbunden ist.

Gehen wir zu Mischungen weiter entfernter Salze innerhalb der linken Seite der Reihe über. Hier sind es im wesentlichen vollständig in Ionen dissoziierte Schmelzen. Die Ionenpotentialdifferenzen sind jedoch größer und es kommt in der Schmelzstruktur zu einer solchen Verteilung der Ionen, daß die Kationen mit dem höheren Ionenpotential bevorzugt die Positionen mit der größeren Koordinationszahl einnehmen. Der Energiegewinn wird dabei größer und die Abweichungen in der elektrischen Leitfähigkeit führen bis zur Ausbildung eines Minimums; die Exzeßvolumina sind schwach positiv.

Die Mischungsfunktionen von Salzen, die noch weiter entfernt voneinander stehen, zeigen einen s-förmigen Verlauf. Auf der Seite des Salzes mit dem größeren Koordinationsvermögen überwiegt der hier besprochene Effekt der Zerstörung der Polymereneinheiten. Bei weiterer Erhöhung der Konzentration der anderen Komponente nimmt die Bildung monomerer diskreter Komplexionen zu. Das Vorzeichen der Mischungsfunktionen wechselt dabei und stimmt dann mit dem dieser Mischungen überein; die Werte sind im Betrag aber oft wesentlich größer.

Pauschal könnte man diese Reihe auch als eine „Aciditäts-"reihe der Salze bezeichnen. Das Akzeptorvermögen für $Cl^-$-Ionen nimmt von links nach rechts zu und dieses wiederum korreliert mit der LEWIS-Acidität. Ganz rechts stehen typische LEWIS-Säuren wie $AlCl_3$, $ZnCl_2$ und $SbCl_3$.

Auf dieser Basis scheint auch eine Systematisierung anderer mehr chemischer Eigenschaften wie z.B. die Auflösung von Metallen in ihren geschmolzenen Halogeniden möglich zu sein.

## 4. Zur Auflösung von Metallen in Salzschmelzen

Die Metall-Metallsalz-Lösungen können prinzipiell in zwei Kategorien eingeteilt werden:

1. in solche, die zumindest teilweise elektronische Leitfähigkeit besitzen und
2. in solche, deren elektrische Leitfähigkeit sich wie die in typisch ionischen Lösungen verhält.

Zur ersten Kategorie gehören die Systeme der Alkalimetalle, der Seltenen Erdmetalle und die von uns untersuchten Systeme der Erdalkalimetalle.

Der zweiten Kategorie können z.B. die Systeme $Zn-ZnX_2$, $Cd-CdX_2$ und $Bi-BiX_3$ zugeordnet werden.

Für die Auflösung der Metalle werden vorrangig drei Auflösungsmechanismen diskutiert:

1. Ionisation des Metalls nach

$$M \rightarrow M^{n+} + ne^-$$

und Einbau der freien Elektronen in das Quasigitter der Schmelze

2. Auflösung des Metalls unter der Bildung dimerer oder oligomerer Ionen nach

$$M^{n+} + zM \rightarrow M^{n+}_{z+1}$$

3. Auflösung des Metalls unter Bildung niederwertiger Ionen (Subionen)

$$zM + M^{n+} \rightarrow (z+1)\, M^{m+}$$

Aus der Kenntnis des Zustandes des gelösten Metalls ergeben sich z.B. wichtige Rückschlüsse auf die Elektrodenreaktionen, die für eine exakte Berechnung der Stromausbeuten bei technischen Elektrolysen erforderlich sind. Da unter technischen Bedingungen die Anwesenheit von Sauerstoff, Stickstoff und Wasserstoff nicht ausgeschlossen werden kann, bilden sich durch Nebenreaktionen unerwünschte Reaktionsprodukte mit den Metallen. So konnten z.B. aus unseren Untersuchungen über den Stickstoff- und Wasserstoffeinfluß auf Metall-Metallsalz-Systeme (Erdalkalimetalle) die Bedingungen für die Bildung von Metallnitridhalogeniden und Metallhydridhalogeniden, ihr Verhalten sowie die Struktur einiger dieser Verbindungen ermittelt werden.

Während sich auf der einen Seite aus der Löslichkeit von Metallen in Salzschmelzen viele neuartige Synthesewege ergaben und ergeben, wirkt sich die Metallöslichkeit bei anderen Prozessen, z.B. den Schmelzflußelektrolysen, negativ aus. Eine mögliche Beeinflussung der Metallöslichkeit durch Veränderung der Zusammensetzung der Salzschmelze ist deshalb für praktische, technische Probleme von besonderer Bedeutung. Wir untersuchten vor allem den Einfluß der Alkalihalogenide auf die untersuchten Systeme.

Die bisherigen Ergebnisse zu den Auflösungsmechanismen in ihrer Beziehung zur „Aciditätsreihe“ zeigt die nächste Abbildung. Die Alkalimetalle lösen sich unter Abgabe freier Elektronen. Für Zink und Cadmium konnten dimere Ionen nachgewiesen werden, was für Magnesium noch nicht so sicher ist. Vom Ba über Sr zum Ca fanden wir eine zunehmende Lokalisierung der Elektronen des gelösten Metalls, was mit einem Übergang zur Dimerenbildung in Übereinstimmung stehen würde. Für Bismut schließlich wird der Auflösungsvorgang mit der Bildung von Bismut(I)-Ionen erklärt. Es liegt offensichtlich von links nach rechts ein kontinuierlicher Übergang von Mechanismus 1 über 2 nach 3 vor. Das bestätigten auch Leitfähigkeitsmessungen (Abb. 26). Entscheidend für die Metallauflösung ist demzufolge neben dem Ionisationspotential

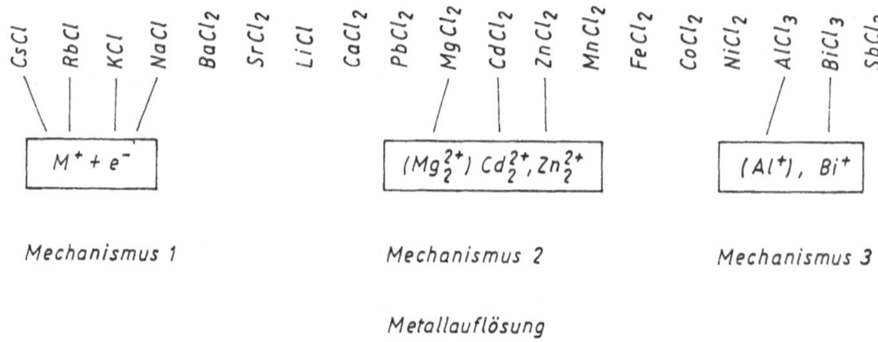


Abb. 25 „Aciditäts“-reihe und Mechanismen der Metallauflösung

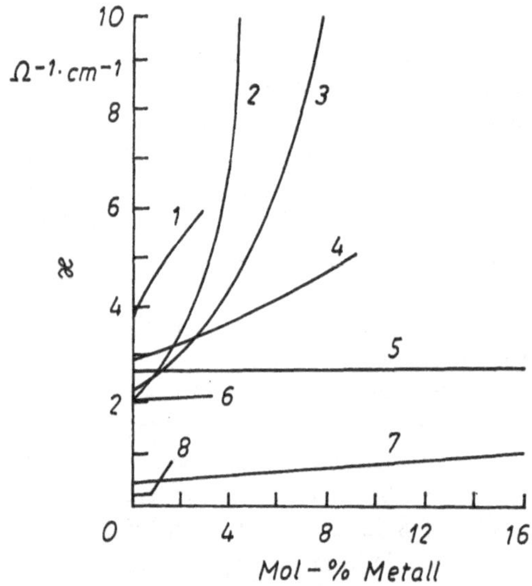


Abb. 26 Leitfähigkeitsisothermen ausgewählter Metall-Salz-Systeme

| | | | |
|---|---|---|---|
| 1 Na/NaCl | 1110 K; | 5 Cd/$CdCl_2$ | 1273 K |
| 2 K/KCl | 1093 K; | 6 Ca/$CaCl_2$ | 1073 K |
| 3 Ba/$BaCl_2$ | 1323 K; | 7 Bi/$BiCl_3$ | 923 K |
| 4 Ca/$CaCl_2$ | 1273 K; | 8 Zn/$ZnCl_2$ | 993 K |

des Metalls die Donator-Akzeptor-Wechselwirkung zwischen den Metallatomen und den Kationen der Schmelze.

Durch die Zugabe von Salzen, die stärkere Chloriddonatoren darstellen, sollten deshalb die Metallatome zunehmend aus dieser Wechselwirkung herausgedrängt werden, was sich in einer veränderten Metallöslichkeit niederschlagen müßte. Tatsächlich wurde experimentell gefunden, daß die Löslichkeit der Erdalkalimetalle in ihren Halogeniden durch Zugabe von Alkalihalogeniden abnimmt. Für die Löslichkeitsbeeinflussung von Cadmium in $CdCl_2$ konnte gezeigt werden, daß KCl die Löslichkeit stark erniedrigt, während $CaCl_2$ eine geringe und $CeCl_3$ keine Wirkung ausübt.

## Literatur


[1] P. Drossbach, Elektrochemie geschmolzener Salze, Berlin 1938.
[2] K. Furukawa, Discuss. Faraday Soc. **32** (1961), 53.
[3] K. Tödheide, Angew. Chem. **92** (1980), 612.
[4] C. Margheritis, Gaz. Chim. Ital. **106** (1976), 309.
[5] L. V. Woodcock, in: Adv. in Molten Salt Chem., **3** (1975), 41, Hrsg. J. Braunstein, G. Manantov, G. P. Smith, Plenum Press, New York, London.
[6] O. J. Kleppa, Int. Atomic Energy Agency, Vienna, Proc. Ser. **1** (1966), 383.
[7] P. Herasymenko, G. E. Speight, J. Iron Steel Inst. (London), **166** (1950), 169.
[8] R. S. Bradley, Amer. J. Sci. **260** (1962), 374.
[9] R. Haase, J. Phys. Chem. **73** (1969), 1160, Z. Phys. Chem. **63** (1969), 95.
[10] M. Temkin, Acta Physicochim. USSR **20** (1945) 411.
[11] O. J. Kleppa, J. Phys. Chem. **64** (1960), '937.
[12] H. Reiss, J. L. Katz, O. J. Kleppa, J. Chem. Phys. **36** (1962), 144.
[13] H. T. Davis, H. Reiss, J. Chem. Phys. **41** (1964), 14.
[14] T. Førland, Norge Tek. Vitemskapsakad., Ser. 2, (1957) No. 2.
[15] T. Østvold, J. Phys. Chem. **76** (1972), 1616.
[16] H. A. Øye, D. M. Gruen, Inord. Chem. **3** (1964), 836.
[17] H. A. Øye, W. Bues, Acta Chem. Scand. **A 29** (1975), 489.
[18] H. A. Øye, E. Rytter, P. Klaeboe, Z. Inorg. Nucl. Chem. **36** (1974), 1925.
[19] K. Balasubrahamanyam, J. Chem. Phys. **44** (1966), 3270.
[20] V. A. Maroni, E. J. Hathaway, E. J. Cairns, J. Phys. Chem. **75** (1971), 155.

FSC
www.fsc.org
MIX
Papier | Fördert gute Waldnutzung
FSC® C083411

Zeitfracht Medien GmbH
Ferdinand-Jühlke-Straße 7
99095 Erfurt, Deutschland
produktsicherheit@kolibri360.de